中国儿童
植物百科全书

单天佶◎编著

台海出版社

图书在版编目（CIP）数据

中国儿童植物百科全书 / 单天佶编著. -- 北京：
台海出版社, 2023.12
　ISBN 978-7-5168-3742-9

　Ⅰ.①中… Ⅱ.①单… Ⅲ.①植物—儿童读物 Ⅳ.
①Q94-49

　中国国家版本馆CIP数据核字(2023)第224068号

中国儿童植物百科全书

编　　著：单天佶

出 版 人：蔡　旭　　　　　　　　封面设计：韩月朝
责任编辑：姚红梅　　　　　　　　策划编辑：谢　普

出版发行：台海出版社
地　　址：北京市东城区景山东街 20 号　　　邮政编码：100009
电　　话：010-64041652（发行，邮购）
传　　真：010-84045799（总编室）
网　　址：www.taimeng.org.cn/thcbs/default.htm
E-mail：thcbs@126.com

经　　销：全国各地新华书店
印　　刷：天津海德伟业印务有限公司
本书如有破损、缺页、装订错误，请与本社联系调换

开　　本：889毫米 ×1194毫米　　　　1/16
字　　数：461千字　　　　　　　　　印　张：16
版　　次：2023年12月第1版　　　　　印　次：2023年12月第1次印刷
书　　号：ISBN 978-7-5168-3742-9

定　　价：198.00元

前　言

　　人类作为地球的主宰不过是近几百万年的事情，而同样作为生命的载体——植物却在这个星球上存在了几十亿年的光景。相形之下，人类真的太渺小、太年轻了！

　　多少年来，奇异的植物世界向人们展示着它多姿的神采，在岁月的年轮上刻下了一道道深深的印痕，它哺育了人类、哺育了地球上的所有生灵，不论是纤纤小草或是冲天的云杉，我们都可以沿着它的叶脉走进生命的源头。

　　不管是冰天雪地的南极、干旱少雨的沙漠，还是浩瀚无比的海洋、炽热无比的火山口，植物都能以傲然的身姿生长、繁育，装点着我们这个星球。它们不仅为我们人类提供着维持生命的氧气，而且还给我们奉献着粮食、蔬菜、水果、药材等；它们不仅各具特色，美化自然，而且净化空气，陶冶性情。

　　什么植物有"活化石"的美称？什么植物又被称为"智慧树"？什么植物是长在石头上的花？什么植物独木也可以成林？带着这些疑问，请翻开本书，跟随我们一起推开植物王国的大门吧！

　　本书分植物与植物构成、自然环境中的植物、可食用植物、观赏植物四部分，书中条理清晰，语言通俗，细致展示了一个千奇百怪的植物世界，介绍了有关植物的一些小知识。此外，本书配有精美的插图，力求全面地展现植物的形态和特征。让小朋友不仅能够近距离感受植物的美丽，还能感受到植物世界的神奇和魔力。

　　小朋友，赶紧进入植物的世界大冒险吧！从郁郁葱葱的森林，到一望无际的江河湖海，从杳无人烟的沙漠到缤纷多彩的餐桌、花团锦簇的居室，让我们一起寻找植物的身影！在这里，一定能满足你的求知欲、探索欲；在这里，你一定可以在植物的世界里满载而归！

目 录

植物与植物构成

自然环境中的植物

可食用植物

观赏植物

植物与植物构成

在我们的周边，存在着形形色色的植物，它们或高大挺拔，枝繁叶茂；或树影婆娑，繁花满树，硕果累累；或隐于地面，化身为一个小不点，奋力生长着……正是有了它们，我们的世界才如此的美妙多娇。

植物分类法

现在生存在地球上的植物，估计有50万种以上，要对数目如此众多，彼此又千差万别的植物进行研究，第一步必须根据它们的自然属性进行分门别类，否则便无从下手。植物分类的方法大致有两种：人为分类法和自然分类法。

人为分类法

人们按照自己的目的或限于自己的认识，选择植物的一个或几个（如形态、习性、生态或经济上）特征作为分类的标准，不考虑植物种类彼此间的亲缘关系和在系统发育中的地位的分类方法称为人为分类法。

★《本草纲目》

随着人们认识的植物越来越多，迫切需要更加系统地辨识植物，以便正确使用植物，于是《本草纲目》便诞生了。我国明朝医药学家李时珍（约1518—1593年）在其所著的《本草纲目》中，依植物外形及用途，将植物分为草、木、谷、果、菜等五部分，详细记录它们的名称、药用价值和加工方法。

★ 林奈

瑞典分类学家林奈（1707—1778年）依据雄蕊和雌蕊的类型、大小、数量等特征，将植物分为24个纲，其中1~23纲为显花植物（即被子植物），第24纲为隐花植物。按人为分类法建立的分类系统不能反映植物的亲缘关系和进化顺序，常把亲缘关系很远的植物归为一类，而把亲缘关系很近的则又分开了。

🌱 自然分类法

根据植物进化过程中亲缘关系的亲疏远近作为分类的标准，力求客观地反映出生物界的亲缘关系和演化发展过程的分类方法称为自然分类法。

★ 达尔文

1859年达尔文的《物种起源》一书出版，提出进化学说。按照生物进化的观点，植物间形态、结构、习性等的相似是由于来自共同的祖先而具有相似的遗传性所致，即类型的统一说明来源的一致。因此，根据植物形态、结构、习性的相似程度就可判断它们之间亲缘关系的远近。

🌱 近代植物分类学的发展

近代植物分类学的发展是随着各门学科的发展而发展的，从传统的根据植物的根、茎、叶等营养器官和生殖器官的形态分类发展到从解剖、生理、生化、遗传及分子生物学等科学紧密相连的综合分类法。

植物的种类

植物是生命的主要形态，包含了如树木、灌木、藤类、青草、蕨类、绿藻、地衣等熟悉的生物。通常情况下，植物又可以分为藻类植物、蕨类植物、菌类植物、地衣、苔藓植物、种子植物六大类。

🌱 藻类植物

藻类植物是最古老植物类群之一，现有的藻类植物约有3万种，分布极其广泛，热带、温带、寒带均有分布。藻类植物的个体大小和形态结构差异很大，小的只有几微米长，大的可达几米甚至几百米长。有肉眼看不见的单细胞植物，如衣藻、小球藻等；也有由许多单细胞的藻类个体胶合在一起而形成的多细胞群体，如团藻等。

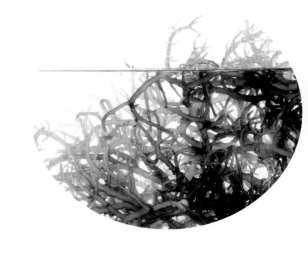

🌱 蕨类植物

蕨类植物包括石松纲、水韭纲、松叶蕨纲、木贼纲和真蕨纲。其中真蕨纲在蕨类植物中进化水平最高，是现在地球上蕨类中最繁茂的一群。现有的蕨类植物约有12000种，我国约有2600种。

🌱 菌类植物

菌类植物是一群没有根、茎、叶分化，一般无光合色素，并依靠现存的有机物质而生活的一类低等植物。绝大部分菌类植物的营养方式是异养的。异养的方式有寄生和腐生。凡是从活的动植物体吸取养分的称为寄生。凡是从死亡的植物体或无生命的有机物质吸取养分的称为腐生。菌类植物有12万余种。

中国儿童植物百科全书

🌱 地衣

　　地衣是藻类和真菌共生的植物。共生的藻类主要是蓝藻（念珠藻等）和绿藻；共生的真菌绝大多数是子囊菌，少数有担子菌和半知菌。在共生体中，藻类为整个植物体制造养分；菌类吸收水分和无机盐，为藻类制造养分提供原料，并围裹藻类细胞，以保持一定的湿度，相互间形成特殊的生存关系。现有地衣2万多种。

🌱 苔藓植物

　　苔藓植物是高等植物中最原始的陆生类群，它们虽脱离水生环境进入陆地生活，但大多生长在阴暗潮湿的地方，如阴湿的墙壁、土壤及坡地上。所以它们是从水生到陆生的过渡类群。

🌱 种子植物

　　种子植物包括裸子植物和被子植物，这是现代地球上适应性最强、分布最广、种类最多、经济价值最大的一类植物。它们最突出的特征是用种子来繁殖，种子是由胚珠发育而来的。种子的出现是植物界进化过程中一次巨大的飞跃，是种子植物能够不断繁盛，广布于地球上的重要因素。

根

根是植物在长期适应陆地生活的过程中发展起来的一种向下生长的营养器官，一般为圆柱体，构成植物体的地下部分。

根的分类

根据植物根的发生部位，可以将根分为主根、侧根和不定根。主根是指由种子的胚根发育而成的根。侧根是指由主根上发出的各级大小支根。由茎、叶、胚轴和较老的根上发生的根叫不定根。主根和侧根都是从植物体的固定部位上生长出来的，均属于定根。植物能产生不定根的特点，常被生产上用来通过扦插、压条等进行营养繁殖。

根系的类型

根系是指每株植物地下部分所有根的总体。根系分为直根系和须根系两种基本类型。直根系是指主根发达，能明显地区分出主根和侧根的根系。如南瓜、鸡冠花等多数双子叶植物和裸子植物的根系。须根系是指主根不发达或早期停止生长，由茎的基部胚轴上产生大量粗细相近的呈丛生状态的根系。如水稻、棕榈、竹类等。

根系的分布

根系在土壤中的发展和分布状况对植物地上部分的生长发育至关重要。一般植物根系和土壤接触的总面积，常超过茎叶面积的5～15倍。果树根系在土壤中的扩展范围，一般超过树冠范围的2～5倍。

根系的影响因素

根系在土壤中的分布还受生长环境条件的影响，同一植物，生长在地下水位较低、通气良好、肥沃的土壤中，根系就发达，分布较深；反之，根系就不发达，分布较浅。此外，人为因素也能够改变根系的分布状况。如苗期灌溉、移栽、压条、扦插等容易形成浅根系。用种子繁殖、深根施肥则易形成深根系。

根冠

根冠位于根的顶端，是由许多薄壁细胞组成的冠状结构。根冠可保护其内的分生组织细胞不至于直接暴露在土壤中，同时根冠细胞会分泌黏液，润滑根冠的表面，减少根在生长时与土壤的摩擦。随着根的生长，根冠外层的薄壁细胞由于和土壤颗粒摩擦而不断脱落，而由分生区的细胞不断地分裂补充到根冠，使根冠保持一定的厚度。

根冠的作用

根冠是重力感觉的地方，并能控制分生组织中有关向地性的生长物质的产生或移动。根冠感觉重力的部位是其中央部分的细胞，这些细胞含有较多的淀粉粒（造粉体），起平衡石的作用，引导根尖垂直向下生长。

茎

　　茎是植物体地上部分的主干，常具有许多分叉的侧枝。在茎上着生叶、花和果。在外形上多数植物的茎呈圆柱形，如杉、玉米等；也有三棱形的，如莎草等；方柱形的，如薄荷等；还有扁平形的，如仙人掌等。

茎的结构

　　通常将带叶的茎称为枝条，枝条着生叶的部位叫作节，相邻两个节之间的部分叫作节间。叶与枝条之间形成的夹角称为叶腋，叶腋里面生的芽叫腋芽，也叫侧芽。枝条的顶端生的芽叫顶芽。

★ 叶痕

　　叶痕是叶片脱落后在茎上留下的痕迹。多年生落叶乔木或灌木的枝条上可以看到叶痕、叶迹、芽鳞痕和皮孔等。叶痕内的点线突起是叶柄和茎内维管束断离后留下的痕迹，叫维管束痕或叶迹。

★ 芽

　　芽是处于幼态而未伸展的枝、花或花序，也就是尚未发育的枝或花和花序的原始体。能在以后发展成枝的芽叫枝芽，发展成花或花序的芽叫花芽。

中国儿童植物百科全书

茎的分类

在长期的进化过程中，不同植物的茎为了适应各自的生存环境而形成了各自的生长习性。植物的茎因此可分为直立茎、缠绕茎、攀缘茎和匍匐茎四种。

★ 直立茎和缠绕茎

直立茎：茎的生长方向与根相反，背地性地垂直向上生长。大多数植物的茎为直立茎，如竹子、松树等。缠绕茎：茎幼时柔软，不能直立，只能以茎本身缠绕于其他物体上升。缠绕茎若按顺时针方向缠绕，称为右旋缠绕茎；若按逆时针方向缠绕，称为左旋缠绕茎，如牵牛花、菟丝子、菜豆等。

★ 攀缘茎和匍匐茎

攀缘茎：茎不能直立，需依靠特有的结构攀缘在其他物体上向上生长。如黄瓜、葡萄的茎以卷须攀缘，常春藤、络石以气生根攀缘，白藤、猪殃殃的茎以钩刺攀缘，爬山虎的茎以吸盘攀缘，旱金莲的茎以叶柄攀缘等。匍匐茎：茎细长柔软，贴地面蔓延生长。匍匐茎的节间较长，在节上能生不定根，芽会生长成新的植株，如草莓、甘薯等。

叶

发育成熟的叶可分为叶片、叶柄和托叶三部分。三部分俱全的称为完全叶，如棉、桃等的叶。缺少任何一部分或两部分的叶，称为不完全叶，如瓜类、向日葵的叶缺托叶；莴苣的叶缺叶柄和托叶。

叶片

叶片一般为两侧对称的绿色扁平体，可分为叶尖、叶基和叶缘等部分。叶的光合作用和蒸腾作用主要是通过叶片进行的。叶片上分布着大小不同的叶脉，居中最大的是中脉，中脉的分枝叫侧脉，其余较小的称细脉，细脉的末端称为脉梢。

叶柄

叶片与茎相连的部分叫叶柄，通常呈扁平或圆柱状，有的具沟道，里面有维管束。叶柄主要起疏导和支持作用。叶柄能够扭曲生长从而改变叶片的位置和方向，使各叶片不至于相互重叠，以充分接受阳光，这种现象称为叶的镶嵌性。

托叶

托叶是完全叶的一个组成部分。着生于叶柄与茎相连的部位，一片或二片，细小并早脱落。托叶的形状和作用因植物的种类而异。如棉花的托叶为三角形；苎麻的托叶为薄膜状，对幼叶起保护作用；豌豆的托叶大而呈绿色，可以进行光合作用；荞麦的托叶二片合生如鞘，包围着茎，称为托叶鞘。

📌 叶舌

　　禾本科植物的叶片在外形上仅能区分为叶片和叶鞘两部分，叶鞘在叶片的下方包裹着茎秆。在叶片和叶鞘交界处的内侧有小的膜状突起，称为叶舌。在叶舌的两侧有一对膜质耳状突起，称为叶耳。有无叶舌和叶耳，以及其形状、大小和色泽等可作为鉴别禾本科植物的依据。

📌 叶片的大小和形态

　　叶片的大小和形态随植物种类不同而有很大的差异。叶片的长度可由几毫米到几米，如柏树的叶长仅几毫米，芭蕉的叶片长达1～2米，王莲的叶片直径达1.8～2.5米，叶面能负荷重量40～70千克。每种植物的叶片都有一定的形态，叶片的形态包括叶形、叶尖、叶基、叶缘、叶裂、叶脉。

📌 叶形

　　根据叶片的长度和宽度的比值及最宽处的位置来决定叶形，而将其分为各种类型。针形叶，细长而尖端尖锐，如松针；线形叶，狭长，全部的宽度略相等，两侧叶缘近平行，如稻、麦、韭菜等；茶、苹果叶为椭圆形；银杏叶为扇形等。

叶的生理功能

对于植物来说，叶子的主要生理功能是光合作用、蒸腾作用和呼吸作用。叶片上生有许多气孔，叶肉里含有叶绿体，是进行光合作用的主要场所。

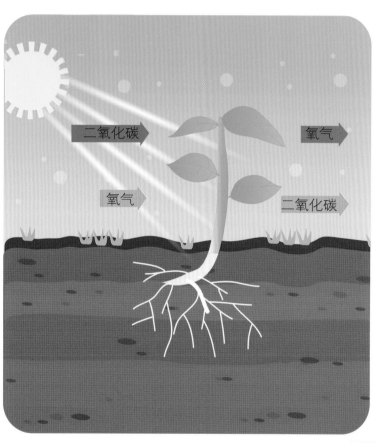

光合作用

绿色植物通过叶绿体的色素和相关酶的作用，利用太阳光能，把二氧化碳和水合成有机物（主要是葡萄糖），并将光能转变为化学能贮藏起来，同时释放出氧气。葡萄糖是植物生长发育所必需的有机物质，也是植物进一步合成淀粉、脂肪、蛋白质、纤维及其他有机物的重要材料。

叶绿素

叶绿素是存在于植物中的绿色色素，其促进来自太阳的光的吸收。它有能力将这种光能转换成可用的形式，用于各种过程，如光合作用。植物进行光合作用首先是叶绿素从光中吸收能量，然后把经由气孔进入叶子内部的二氧化碳和由根吸收的水分变成淀粉等能源物质。

蒸腾作用

　　水分以气体状态从生活的植物体内散发到大气中去的过程叫蒸腾作用。叶片的蒸腾作用对植物的生命活动有重要的意义。第一，蒸腾作用是调动根系吸水的动力之一；第二，根系吸收的无机盐主要随蒸腾液流上升，输送到地上各器官；第三，通过蒸腾作用可以降低叶表面的温度，避免叶片在烈日下被灼伤。

蒸腾的方式

　　蒸腾的方式通常分为三种：皮孔蒸腾、角质层蒸腾、气孔蒸腾。木本植物经由枝条的皮孔和木栓组织的裂缝的蒸腾，叫作皮孔蒸腾。通过叶片和草本植物茎的角质层的蒸腾，叫作角质层蒸腾，约占蒸腾作用的5%～10%。通过气孔的蒸腾，叫作气孔蒸腾，气孔蒸腾是植物蒸腾作用的最主要方式。

呼吸作用

　　呼吸作用是植物在新陈代谢过程中一个重要的能量转变过程，就像人类吃饭一样，植物的呼吸作用，其实就是植物内生活细胞，在酶的作用下逐渐氧化的一个过程。通过氧化它会形成更加简单的物质，然后释放出能量的过程就被称作为植物的呼吸作用。

有氧呼吸和无氧呼吸

　　植物进行呼吸作用的主要形式是有氧呼吸和无氧呼吸。有氧呼吸是指细胞在氧的参与下，通过酶的催化作用，把糖类等有机物彻底氧化分解，产生出二氧化碳和水，同时释放出大量能量的过程。无氧呼吸一般是指细胞在无氧条件下，通过酶的催化作用，把葡萄糖等有机物质分解成为不彻底的氧化产物，同时释放出少量能量的过程。

花

　　花是被子植物的重要特征之一。从花的演化过程来看，花实际上是一个缩短的枝，花的各个构成部分都是茎和叶的变态，这种变态是为适应繁殖方式的进化而发生的。

🌱 花的构成

　　一朵完整的花由花柄、花托、花被（包括花萼和花冠）、雄蕊和雌蕊等五个部分组成。在一朵花中，花萼、花冠、雄蕊和雌蕊都具备的称完全花。缺少其中一部分或几部分的称不完全花，如桑树花、南瓜花等。

🌱 苞片

　　有些植物在花柄基部有一张变态的叶称苞片，苞片有保护花的作用，有些植物的苞片大而鲜艳，具有引诱昆虫的作用和很高的观赏价值，如象牙红的红色苞片，马蹄莲的奶白色苞片等。

花柄

花柄是着生小花的小枝，与茎具有相同的构造，是各种养分、水分由茎至花的通道，支持花朵展布空间。花柄的长短粗细依植物种类而不同。有些植物的花柄很长，如垂丝海棠的花柄长达4~5厘米；而贴梗海棠的花柄极短，仅几毫米，花朵紧贴枝干而生。有些植物花的花柄共同生于一根总花柄上形成花序。当果实成熟时，花柄便成为果柄。

花托

花托是花柄顶端膨大的部分，是花被、雄蕊群、雌蕊群着生之处。大多数植物的花托，只是花柄的顶端微微扩大而已，但有些植物的花托则显著膨大，如玉兰等木兰科植物的花托，隆起延伸为圆柱状；草莓的花托呈圆锥形突起并木质化，为食用的主要部分；月季的花托为壶状；荷花为典型的倒圆锥形花托，俗称莲蓬。

花萼

花萼位于花的最外面，由若干萼片组成。若萼片之间完全分离，称离萼；若部分或全部连合，称合萼。花萼通常只有一轮，但也有两轮的，如锦葵，两轮花萼中，外面的一轮称为副萼。

花冠

花冠位于花萼的上方，由若干花瓣组成，排成一轮或几轮。组成花冠的花瓣，也有连合和分离之分，花瓣之间完全分离的花叫作离瓣花；花瓣部分或全部连合的花叫作合瓣花。由于花瓣中含有花青素或类胡萝卜素等物质，多数植物的花瓣色彩鲜艳。

果实

被子植物受精后，花的各部分发生了很大的变化，花被脱落（花萼有时宿存），雄蕊和雌蕊的柱头、花柱也都凋谢，仅子房或与子房相连的其他部分迅速生长，最终由子房或子房与其他部分一起参与形成果实。

单性结实

一般而言只有经过受精作用后，子房才能发育成果实。但也有些植物不经过受精，子房就发育成果实的，这种形成果实的现象称单性结实。单性结实的果实内不含种子或含不具胚的种子，这类果实称为无籽果实。

真果和假果

多数植物的果实由子房发育而成，这样的果实称为真果。也有一些植物的果实，除子房外，还有花的其他部分如花萼、花托、花序轴等参与果实的形成则称为假果，如苹果、梨、石榴、瓜类、无花果等。

真果的结构

真果的外面为果皮，内含种子。果皮是由子房壁发育而来。成熟果实的果皮一般为三层结构：外果皮、中果皮和内果皮。三层果皮的厚度随植物不同而有很大差异。

外果皮

外果皮由子房外壁和外壁以内的数层细胞构成，一般具气孔、角质、蜡被或生有毛、刺等附属物。通常幼果的果皮呈绿色，成熟时显示出黄、橙、红等颜色，这是因为细胞内含有花青素或有色体之故。

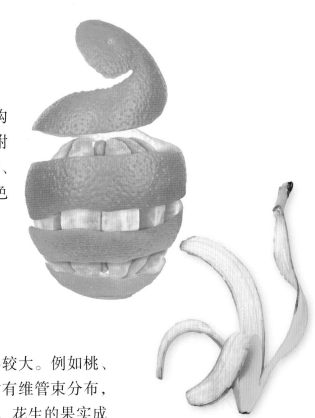

中果皮

中果皮一般较厚，因植物种类不同质地差异较大。例如桃、杏的中果皮都为肉质浆状；有的甚至纤维化，常有维管束分布，如柑橘、柚等的中果皮疏松，俗称橘络；而蚕豆、花生的果实成熟后，中果皮常变干收缩。

内果皮

内果皮是由子房内壁形成的，结构较复杂。有的木质化，如桃的内核；也有的内果皮很薄，当果实成熟时，细胞分离成浆质，如葡萄、西红柿。内果皮常与中果皮结合在一起，难以区别。

种子

种子是裸子植物和被子植物的繁殖体，它由胚珠经过传粉受精而形成。小小的一颗种子承载的却是延续植物种族的伟大使命。

种子的萌发

成熟的种子，它的一切生命活动都很微弱，在外表上看不出有明显的变化，我们称种子的这种状态为"休眠状态"。但是，当种子在适宜的条件下后，种子的胚从休眠状态转变为活动状态，胚根开始生长，突破种皮而发展成幼苗，这个过程称为"种子的萌发"。

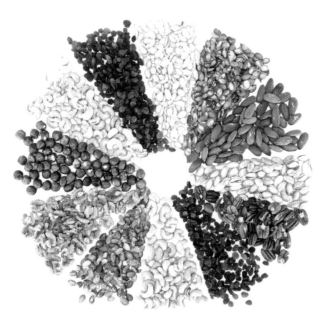

种子的结构

植物的种子一般由种皮、胚、胚乳三个部分构成。种皮是种子的外壳，起着保护种子的作用。胚是种子最重要的部分，可以发育成植物的根、茎、叶。胚乳是种子集中养料的地方，不同植物的胚乳所含养料不同。

种皮

种皮是指被覆于种子周围的皮。随种子的成熟，胚珠的珠被经不同程度的变化而形成，虽然多少有例外，但裸子植物和被子植物合瓣花类是由一层构成的，离瓣花类和单子叶植物是由二层构成的。由二层构成的种皮，特分为内种皮和外种皮。

胚

胚由受精卵（合子）发育而成的新一代植物体的雏形（即原始体），是种子的最重要的组成部分。在种子中，胚是唯一有生命的部分，已有初步的器官分化，包括胚芽、胚轴、胚根和子叶四部分。

胚乳

胚乳是种子养料的贮藏部分，供给种子发芽时所需的养料。裸子植物的胚乳于受精前即形成，它是配子体的一部分，是单倍体。被子植物的胚乳由两个极核经过受精后发育而成，是三倍体。

种子的寿命

大多数作物种子的寿命在3～5年。野生植物种子的寿命，短的只有几个小时，长的可达几十年，甚至上百年。到目前为止，寿命最长的当属莲花的种子了。种子的寿命长短除了与遗传特性和发育是否健壮有关外，还受环境因素的影响，也就是说可以利用良好的贮存条件来延长种子的寿命。

种子的传播

种子是植物繁殖的重要器官。植物种子的传播有很多种方式，它们很多不需要自己动手动脚，就能把自己的种类延续下去。

风力传播

风力传播在植物种子传播中最为常见，依靠风力传播的种子多数带有蓬松的纤维和薄翅，经过风一吹，就能将种子吹到各处。让种子落在地上，生根发芽，但风力传播不稳定，会将种子吹入河中，无法顺利生根发芽。

动物传播

种子通过动物传播可以传播到很远的地方，一般情况下，依靠动物传播种子的植物，其种子外表都长着倒刺，粘在动物的皮毛或者人的衣物上。最常见的依靠动物传播种子的植物当属苍耳，它的外表就有许多倒刺。

弹射传播

有一些植物的种子，会依靠自身种子外壳的爆炸力，将它们的种子弹射出去，如凤仙花、芝麻等。但通过这种方式传播，其传播距离十分有限，但好处是可以有效地保证每颗种子都能传播出去。

🌱 水力传播

水力传播主要见于一些生长在水边的植物。这些植物的种子都有坚硬的外壳，可以抵御外界环境的影响，当这些植物种子成熟后，就会掉到水中，随波漂荡，被冲到岸边后生根发芽，如椰子。

🌱 鸟传播

鸟传播种子的效率是最低的，但是种子可以通过鸟类传播到很远的地方。当鸟吃掉植物的种子时，有些种子还没有来得及被鸟的肠胃消化，就成为粪便被排泄出去，落在地上生根发芽。

🌱 蚂蚁传播

蚂蚁是二次传播者。有些鸟类摄食种子后养分并没有全部消耗掉，掉在地上的种子，其表面上还有一些残存的养分可供蚂蚁摄食，这时蚂蚁就成了二次传播者，对种子进行二次传播。

自然环境中的植物

自然界中的植物，有生长在森林里的，也有生长在水里的，还有一些甚至在高温缺水的沙漠里也能生存。它们以各自的品性倔强地生活着，进行着光合作用、蒸腾作用，改变着我们的自然环境。

森林里的植物

高大壮阔的乔木、矮小怡人的灌木、姿形优美的蕨类，还有不起眼的苔藓植物，它们共同构成了森林里的庞大植物系统。

 杉树

杉树是柏科杉树属常绿乔木，高可达30米，胸径可达3米，树干端直，树形整齐。轮状分枝，节间短，小枝比较粗壮斜挺，针叶短粗密布于小枝上。因此，其树冠看起来呈分散状。"杉"字与"散"字读音相近，"杉树"就是"散树"，表示树冠分散的一类树。

★ 杉树的分布

杉树主要分布于北温带。杉树栽培很广，生长快，木材蓄积量较丰富，用途较广，为长江流域以南及台湾高山地带的重要造林树种。

★ 生长习性

杉树喜光，喜温暖湿润气候，怕风、怕旱、不耐寒，杉树的耐寒性大于其耐旱力。喜肥，怕盐碱土，最喜深厚肥沃排水良好的酸性土壤（pH4.5～6.5），但也可在微碱性土壤上生长。根系强大，易生不定根，萌芽更新能力强。

★ 观赏价值

　　杉树主干端直，树冠极为壮观。适于群植成林丛植或列植道旁。可作风景林，或在山谷、溪边、林缘与其他树类混植，或于山岩亭台之后片植。

★ 用材树种

　　杉树纹理顺直、耐腐防虫，广泛用于建筑、桥梁、电线杆、造船、家具和工艺制品等方面。据统计，我国建材约有四分之一是杉木。杉树生长快，一般只要10年就可成材。它是我国南方最重要的特产用材树种之一。

★ 净化海水

　　海上的运油船只时常发生原油泄漏事件，造成海水严重污染。清理泄漏的原油，净化海水是一件很麻烦的事情。日本神奈川县海上灾害防止中心研究所的研究人员利用杉树皮清理海上油污、净化海水取得了很好的效果。

松树

松树是松科松属植物。世界上的松树种类有80余种，松树为轮状分枝，节间长，小枝比较细弱平直或略向下弯曲，针叶细长成束。其树冠看起来蓬松不紧凑，"松"字正是其树冠特征的形象描述。所以，"松"就是树冠蓬松的一类树。松树坚固，寿命十分长。

★ 松树的分布

松树分布广，如分布于华北、西北几省区的油松、樟子松、黑松和赤松，华中几省的马尾松、黄山松、高山松，秦巴山区的巴山松，以及台湾松和北美短叶松，多数是我国荒山造林的主要树种。

★ 生长习性

大多数松树尤其是二针松是喜光树种，耐阴性弱。松树可以生长在各种不同的土壤上。因针叶灰分含量低，能忍耐贫瘠土壤。松树具有旱生结构，能忍耐缺水而不受伤害，过多的土壤水分对松树生长不利。

★ 观赏价值

松树是美化环境的优良树种。公园、公用庭院、宽阔街道、墓地等，大都选择松树作为美化环境的树种。特别是雪松，其适应性强，树干挺直，枝叶优美，塔状挺立，端庄整肃，生长较快，成为绿化城市的优选树种。

★ 经济价值

松树中含丰富的松脂，是重要的工业原料。红松、白松等种类的松树高大、挺直，木质坚硬、耐腐，纹路直、易加工，是建筑业、家具制造业、传统农具的优良木材原料。松子炒食，有特殊的芳香。松塔、松枝可作燃料。松针能提制松针油，用于化工、食品、医药工业。树根及其他部分的废弃物，粉碎后可作培养蘑菇和茯苓的原料。

★ 不同种类

世界上的松树品种有80多种。大部分分布于北半球。人们了解比较多的品种主要有：红松、白松、马尾松、赤松、油松、火炬松、雪松、黄山松等。

★ 植物文化

松与柏是我国古代文化不可或缺的内容。古代学者对松柏寄托了无限的寓意，并给予了极高的赞美。比如，教育家孔子称："岁寒，然后知松柏之后凋也。"古代文人常把松与竹、梅合称"岁寒三友"，将松、柏、樟、楠、槐、榆称为"树中六君子"。古人认为松是坚忍、顽强、高风亮节精神的象征。赞美松树的诗文历代皆有。

柏树

　　柏树是柏科柏木属乔木，柏树包含侧柏、圆柏、扁柏、花柏等多个属。柏树树高一般可达20米左右。柏树分枝稠密，小枝细弱众多，枝叶浓密，树冠完全被枝叶包围，从一侧看不到另一侧，多为墨绿色的圆锥体。树皮红褐色，纵裂。小枝扁平。叶鳞片状，形小。雌雄同或异株，球花单生枝顶。球果近卵形。种子长卵形，无翅。

★ 柏树的分布

　　柏树原产于我国西北部，广泛分布于亚洲大陆，包括朝鲜半岛、日本、印度北部、伊朗北部以及我国内蒙古、吉林、辽宁、河北、山西、山东、江苏、浙江、福建、安徽、江西、河南、陕西、甘肃、四川、云南、贵州、湖北、湖南、广东、广西、西藏等地。

★ 生长习性

　　柏树是阳性树种，略耐阴。喜暖热湿润的气候，不耐寒，是亚热带地区具有代表性的针叶树种。对土壤适应力强，最适宜深厚、肥沃的钙质土，也能在微酸性土壤上良好生长。耐干旱瘠薄，又略耐水湿。

中国儿童植物百科全书

★ 观赏价值

柏树树干端直，树枝挺秀，是我国应用最广泛的园林树种之一，自古以来多栽植于寺庙、陵墓地和庭园中。在造园配植中常和圆柏混交，也可用于道路庇荫或作绿篱，也可植于花坛中心，装饰建筑、雕塑、假山石及对植入口两侧。

★ 不同种类

柏树是有很多个种类的，常见的有侧柏、圆柏、刺柏、铺地柏、翠柏、罗汉柏、花柏等。在我国有29种柏树，还有7个变种，从国外引入并栽培的有15种。在世界范围内，柏树共有22属，差不多有150个品种。

★ 北京的柏树

作为六朝古都的北京，在很多皇家坛庙、皇家园林、帝王陵寝，以及古寺名刹等处，都有枝干遒劲、巍峨挺拔的古柏。北京的古柏，树龄在500年以上的有5000棵以上，占北京一级古树的绝大多数。它们大多种植于辽金时期至明代，最早的可追溯到唐朝。

樟树

樟树是樟科樟属常绿乔木。叶互生，卵形，上面光亮，下面稍灰白色，离基三出脉，脉腋有腺体。初夏开花，花小，黄绿色，圆锥花序。核果小球形，紫黑色，基部有杯状果托。

★ 樟树的分布

樟树主要分布在长江流域以南的地区，江西、浙江、广东、福建、台湾、湖南等省栽培的比较多。樟树多是生长在低山的向阳山坡、谷地、丘陵等，在台湾中北部海拔1800米高山地区有纯天然的樟树林，是我国亚热带常绿阔叶林的重要树种。

★ 生长习性

樟树喜光，稍耐阴，喜温暖湿润气候，耐寒性不强。深厚肥沃的酸性或中性沙壤土比较适合樟树生长，在这类土壤中生长，樟树根系发达，具有很强的抗倒伏性。

★ 观赏价值

樟树枝叶茂密，冠大荫浓，树姿雄伟，能吸烟滞尘、涵养水源、固土防沙和美化环境，是城市绿化的优良树种，广泛作为庭荫树、行道树、防护林及风景林。也可在草地中丛植、群植、孤植或作为背景树。

★ 经济价值

樟树为重要的材用和经济树种，根、木材、枝、叶均可提取樟脑、樟脑油。樟脑供医药、塑料、炸药、防腐、杀虫等用，樟油可作农药、选矿、制肥皂、假漆及香精等原料；木材质优，抗虫害、耐水湿，可供建筑、造船、家具、箱柜、板料、雕刻等用。

★ 净化空气

科学研究证明，樟树所散发出的松油二环烃、樟脑烯、柠檬烃、丁香油酚等化学物质，具有净化空气的作用，可以过滤出清新干净的空气，沁人心脾。

★ 植物文化

香樟树是江西省省树。江西"无村不樟，无樟不村"。植樟、爱樟、护樟是江西自古以来的优良传统。所以，时至今日，香樟树是江西古树名木中数量最多的树种。千百年来，香樟树不仅是江西人乡愁的寄托，更是鲜活的遗产和发展的标志。

🌲 枫树

　　枫树是槭树科槭树属落叶乔木，春季开花，花小，多为黄色、绿色、红色。枫叶为掌状5浅裂，长13厘米，宽略大于长，3枚最大的裂片具少数突出的齿，基部为心形，上面为中绿至暗绿色，下面脉腋上有毛，秋季变为黄色至橙色或红色。

★ 枫树的分布

　　枫树广泛分布于北温带及热带山地，亚洲、欧洲、北美洲和非洲北缘均有分布。我国是世界上枫树种类最多的国家，丘陵以及部分高寒山区等，均有分布。

★ 生长习性

　　枫树喜欢温暖潮湿、气候凉爽的环境，属于中性偏阴树种，不能在直射光下生长，它的适宜生长温度在18~25℃，冬天即使气温达到−20℃，也可以露天越冬。养护枫树时要保持土壤湿润，每半个月施肥一次，但夏季高温天气和冬季低温天气需要停止施肥。

中国儿童植物百科全书

★ **赏枫胜地**

　　枫树的观赏性极强，当枫树成片形成枫林时，深秋的景色非常美，在我国，最著名的赏枫胜地有四处，并称我国四大赏枫胜地，它们是北京香山、苏州天平山、南京栖霞山、湖南长沙岳麓山。

★ **经济价值**

　　枫树具有非常高的经济价值。其树干丰满笔直、色泽亮丽、纹理紧密，具有非常高的耐腐抗压性，是良好的建筑材料。枫树板材无难闻气味，又可以防虫，也是茶叶、茯苓等食品理想的包装材料。

★ **象征意义**

　　枫树生命力很强，人们就想到它的坚强，所以它的花语是"坚强、不畏艰辛"。枫树的颜色是比较鲜艳的，看起来会让人感觉很热情，因此它也代表着真挚且热烈的爱情，象征着美好的爱情。它还象征着吉祥如意，可以送给正在打拼的朋友，代表着自己对于他人美好的祝愿。

桦树

桦树是桦木科桦木属植物的通称。桦树为落叶乔木或灌木，树皮多光滑，多为薄层状剥裂。单叶互生，叶下面通常具腺点，边缘具重锯齿，叶脉羽状有叶柄。花单性，雌雄同株。柔荑花序。坚果具膜质翅，果苞革质。种子单生，具膜质种皮。

★ 桦树的分布

全国各地都有桦树分布，以东北、华北、西北、西南最多。其中，白桦分布最广，东北、华北、西北、西南皆有。红桦主要分布于华北、西北，硕桦和黑桦主要分布于东北、华北，牛皮桦为秦岭太白山独有。

★ 生长习性

喜光，不耐庇荫。较喜湿润，对土壤要求不严，在较肥沃的棕色森林土生长良好。萌芽力强，采伐后可自行萌芽更新。速生，在立地条件中等的地方，年生长量可达1米，15年左右开始结实。

★ 不同种类

全世界约有100种，主要分布于北温带，少数种类分布至寒带。我国有29种。其中以白桦分布最广，由东北、华北到西北、西南都有。此外还有红桦、硕桦、黑桦等。

★ 经济价值

桦树木材较坚硬，富有弹性，结构均匀，心边材不明显。可作胶合板、卷轴、枪托、细木工家具及农具用材。桦树树皮可热解提取焦油，还可制工艺品。此外，其树形美观，秋季叶变黄色，是很好的园林绿化树种。桦树萃取物被作为天然香料用在天然化妆用品中，也用作皮革油。桦树汁被用作补剂或制成桦树糖浆、软饮料和其他食物。

★ 观赏价值

桦树枝叶扶疏，姿态优美，尤其是树干修直，洁白雅致，十分引人注目。孤植、丛植于庭园、公园之草坪、池畔、湖滨或列植于道旁均颇美观。若在山地或丘陵坡地成片栽植，可组成美丽的风景林。

银杏

银杏有活化石的美称，为银杏科银杏属落叶乔木。银杏出现在几亿年前，是第四纪冰川运动后遗留下来的裸子植物中最古老的孑遗植物，现存活在世的银杏稀少而分散，上百岁的老树已不多见，和它同纲的其他植物皆已灭绝。

★ 银杏的分布

银杏树是我国特产的树种，世界上已有一些国家从我国引种去栽培。在我国，虽然分布较广，各地都有栽培，但数量并不算太多。

★ 生长习性

银杏是喜阳的植物，喜温凉湿润，适应生长在土壤深厚、肥沃、排水良好、酸度适中的砂质壤土中，抗旱性强，但不耐水涝，对空气污染有一定的抵抗力。银杏在生长前期生长较慢，但到了后期生长会加快。

★ 数量少的原因

银杏树分布广但数量少，这有它本身的原因。银杏是雌雄异株的：雄的银杏树，只长雄性的花，雌的银杏树，只长雌性的花，受精后才能结果。这样，如果一个地方只有雄树，或者只有雌树，银杏就无法受精，也就结不出果实来了。

★ 观赏价值

银杏树体高大，树干通直，姿态优美，春夏翠绿，深秋金黄，是理想的园林绿化、行道树种。被列为我国四大长寿观赏树种之一。

★ 食用价值

银杏果俗称白果，日本有每日食用白果的习惯。西方人圣诞节必备白果。就食用方式来看，银杏主要有炒食、烤食、煮食、配菜、糕点、蜜饯、罐头、饮料和酒类。大量进食后会引起中毒。

🌲 柳树

柳树是杨柳科柳属乔木，枝条细长而低垂，褐绿色，无毛；冬芽线形，密着于枝条。叶互生，线状披针形，长7~15厘米，宽6~12毫米，两端尖削，边缘具有腺状小锯齿，表面浓绿色，背面为绿灰白色，两面均平滑无毛，具有托叶。花开于叶后，每年的4~5月开花。

★ 柳树的分布

柳树在世界范围内有500多种，北半球的温带地区分布较广。在我国，一共有257种，主要分布在西南、东北和西北地区。

★ 生长习性

柳树一般寿命为20~30年，长的能有百年以上的寿命。它的生长适应性很强，较耐干旱和耐盐碱，即使在一些条件比对较恶劣的地方都能够生长。柳树平时可以多浇水，它在潮湿的环境中也能够很好生长。同时，它也能够忍耐冬季的寒冷、夏天的炎热等恶劣的生态环境。

★ 经济价值

木材可作器具和造纸原料；柳絮可填塞椅垫和枕头。河柳枝皮的纤维可作纺织及绳索原料；枝条可编织提篮、抬筐、柳条箱及安全帽等。木材色白，韧性大。可作小农具、小器具与烧制木炭用。

★ 园林价值

柳树树形优美，放叶、开花早，早春满树嫩绿，是北温带公园中主要树种之一。常用于园林观赏，多种植于小区、园林、学校、工厂、山坡、庭院、路边、建筑物前。树枝展向四方，使庭院青条片片，具有很高的观赏价值，实为美化庭院之理想树种。对空气污染及尘埃的抵抗力强，适合于在都市庭园中生长。

★ 折柳赠别

柳树在中华传统文化中具有特殊含义，"柳"谐音"留"，在我国古代，亲朋好友远行，送行者会折下一支柳条送给远行者，以寄离别之情。"折柳"一词最早出现在汉乐府《折杨柳歌辞》中。

★ 清明插柳

我国古代清明节，家家门前有插柳枝的风俗。到宋代时，这种习俗更盛，不仅门前插柳枝，而且还在头上戴个柳条帽圈，坐着插满柳条的车子、轿子，到郊外踏青游春。

木棉

木棉为锦葵科木棉属乔木，别称攀枝花、红棉、斑芝树，是一种在热带及亚热带地区生长的落叶大乔木，高10~20米。

★ 木棉的分布

木棉原产地不详，但很可能源自印度。它随着移民被广泛种植于马来半岛、印度尼西亚、菲律宾、澳大利亚和中国。我国主要分布于福建、广西、广东、海南、贵州、四川、云南等省区。

★ 生长习性

木棉喜高温高湿的气候环境，耐寒力较低，遇长期5~8℃的低温，枝条易受冷害，忌霜冻。华南南部的广州、南宁等地，正常年份可在露地安全越冬，寒冷年份有冻害，华南北部至华北的广大地区，只能盆栽，冬季移入温棚或室内，室温不宜低于10℃，喜光，不耐荫蔽，耐烈日高温，宜种植于阳光充足处。

★ 观赏价值

广东有句俗话，木棉花开，冬天不再来，意思就是只要看到木棉花开了，温暖的春天也来临了。早春2月，正是木棉花开的日子，在一些种有木棉树的地方，就会陆续开出灿烂的花朵，远远望去，一树的橙红，显得格外生机勃勃。

中国儿童植物百科全书

★ 经济价值

　　木棉的经济价值较高。纤维无拈曲，虽不能纺细纱，但柔软纤细，不易湿水，浮力较大，因此是救生圈的优良填料。木棉的木质松软，可制作包装箱板、火柴梗、木舟、桶盆等，还是造纸的原料。

★ 植物文化

　　木棉是广州市、攀枝花市的市花。由于它的树身高大粗壮，在华南人们会把它与英雄相比，称之为"英雄花"。香港的已故流行乐坛泰斗罗文就有一曲《红棉》，以木棉来比喻华人的傲骨。此外，木棉也是金门县的县树，象征当地人民性格坚毅，未来发展前途灿烂。

榕树

榕树是桑科榕属乔木，高15～25米，气生根。叶革质，椭圆形、卵状椭圆形或倒卵形，颜色呈淡绿色，长4～10厘米，宽2～4厘米。榕果成对腋生或生于已落叶枝叶腋，成熟时黄或微红色，扁球形。

★ 榕树的分布

榕树有多个亚种，由于多为常绿乔木及细节不易被人分辨，因此也统称榕树，在我国浙江南部、福建、广东、广西、湖北、贵州、云南等地广泛分布。

★ 生长习性

榕树不耐旱，较耐水湿，短时间水涝不会烂根。在干燥的气候条件下生长不良，在潮湿的空气中能生长出气生根，使观赏价值大大提高。喜阳光充足、温暖湿润气候，不耐寒，除华南地区外多作盆栽。对土壤要求不严，在微酸和微碱性土中均能生长，怕烈日曝晒。

★ 独木成林

榕树苍老翁郁，它以广阔的绿叶遮蔽着地面，在赤日炎炎的夏天，它摇曳着青翠，给人以清凉。人们常说"独木不成林"，这句话指的是一般的树，榕树就不一样了，它独木也能成林。榕树的树冠特别大，一般占地可达几亩，有的甚至十几亩。

★ 最大的榕树

最大的榕树要数孟加拉国的一株了，它共有600多根粗壮的气根，树荫覆盖面积竟达42亩。置身于这株榕树的气根林中，如同走进了一个植物园。

★ 观赏价值

在华南和西南等亚热带地区可用榕树来美化庭园，露地栽培，从树冠上垂挂下来的气生根能为园林环境创造出热带雨林的自然景观。大型盆栽植株通过造型可装饰厅、堂、馆、舍，也可在小型古典式园林中摆放；树桩盆景可用来布置家庭居室、办公室及茶室，也可常年在公共场所陈设，不需要精心管理和养护。

★ 净化空气

榕树有净化空气的作用，比地面的吸尘力大70倍，对粉尘有吸附、过滤的作用，并能释放氧气，增加空气中的负氧离子，营造出有益于人体健康又宜人的氛围，给人一种清新宜人的舒适感。

梧桐

梧桐是锦葵科梧桐属落叶乔木。最高能达到16米，树皮是青绿色，平滑。梧桐树的叶子是心形，掌状3~5裂，直径15~30厘米，裂片三角形，顶端渐尖，基部心形，两面均无毛或略披短柔毛。伞房状聚伞花序顶生或腋生，花萼紫红色。

★ 梧桐的分布

梧桐原产于我国长江流域中部各地，华北至华南各地普遍栽培，秦岭南坡、重庆东北及东南山区仍有野生，多生于海拔2000米以下的杂木林中，散生，为伴生树，日本也有分布。

★ 生长习性

梧桐树喜欢阳光充足的环境，适生于肥沃、湿润的砂质壤土，它的根是肉质根，不耐积水，萌芽力弱。它一般不宜修剪，生长尚快，寿命较长，怕强风，宜植于道路边、房屋周围、山坡上等处。

★ 观赏价值

　　梧桐树干端直，干枝青翠，高大挺拔，叶大而形美，绿荫深浓，秋季转为金黄色，冠形美观。为优美的庭荫树和行道树，孤植或丛植于庭前、宅后，草坪或坡地均很适宜。

★ 经济价值

　　木材轻软，为制木匣和乐器的良材。种子炒熟可食或榨油，油为不干性油。树皮的纤维洁白，可用以造纸和编绳等。木材刨片可浸出黏液，称刨花。叶可制成土农药，可杀灭蚜虫，对二氧化硫、氯气等有毒气体，有较强的抵抗性。

★ 植物文化

　　梧桐树的树干高大笔直，树形优美，犹如谦谦君子，在我国古代梧桐树常与祥瑞之禽凤凰联系在一起。凤凰也被视为"非梧桐不栖"。

菩提树

菩提树是桑科榕属的常绿乔木，最高可以长到25米，其树冠较大，树皮为灰色，带有少量裂纹，且菩提树的叶片呈现卵形，花期在每年的3～4月，花色为黄绿色，果实在春末夏初时期成熟，呈现卵圆形。

★ 菩提树的分布

菩提树在我国主要分布在广东沿海一带，在广西、云南地区也有大量分布，在海拔400～630米的地区种植的比较多，在国外主要分布在日本、马来西亚、泰国、越南、不丹、尼泊尔、巴基斯坦及印度。

★ 生长习性

菩提树喜光、喜高温高湿，25℃时生长迅速，越冬时气温要求在12℃左右，不耐霜冻。抗污染能力强，对土壤要求不严，但以肥沃、疏松的微酸性砂质壤土为好。

★ 观赏价值

菩提树树干粗壮雄伟，树冠亭亭如盖，既可做行道树，又可供观赏；菩提树树姿美观，叶片绮丽，是一种生长慢、寿命长的常绿风景树。幼苗期盆栽很有观赏价值，常用来点缀会客厅、书房。

中国儿童植物百科全书

★ 环保价值

菩提树生命力极强，每棵树年固碳量10～16千克，具有良好的调节气候和涵养水土的作用。菩提树的根系发达，根须扩展，盘根错节，能够增强固持土壤能力，其根能深入下层坚硬岩土和已风化砂土中，减缓地表径流流速，促进水分下渗，增加水源涵养量，改善土壤透气性和结构以及提高土壤肥力。

★ 植物文化

一花一世界，一叶一菩提。菩提树又称智慧树，为佛教四大"圣树"之一。菩提树的梵语原名为"毕钵罗树"，因佛教的创始人释迦牟尼在菩提树下悟道，才得名为菩提树，"菩提"是"觉悟"的意思。佛教一直都视菩提树为圣树，在印度、斯里兰卡、缅甸各地的丛林寺庙中，普遍栽植菩提树，它还被印度定为国树。

🌴 樱花

　　樱花是蔷薇科李属落叶乔木。树枝和树干均无毛。成年树高5～20米；叶有光泽，卵形，先端长渐尖，叶长6～12厘米，边缘有锯齿。春季花在叶子长出前开放或在叶子长出时开放。开花时，3～5朵花簇生成总状花序。颜色多为白色，稍带有粉红或粉红色，直径约4厘米，无香味，花期较短。花开满树，花大而鲜艳，极为美丽、壮观。

★ 樱花的分布

　　樱花原产我国和日本。后流传到欧洲等地。我国长江流域、东北、华北分布较广。我国的野生樱花品种最多。日本的嫁接和人工栽培品种多。优良品种多用嫁接法繁殖。

★ 品种多样

　　通过嫁接等方法，人们创造出许多新品种，如山樱、大山樱、大岛樱、霞樱、江户彼岸樱、深山樱、丁字樱、高岭樱、豆樱等。最常见的一种叫染井吉野樱花，其数量多，面积广，据说占日本国樱花总数的80%左右。

★ 生长习性

　　性喜阳光和温暖湿润的气候条件，有一定抗寒能力。对土壤的要求不严，宜在疏松肥沃、排水良好的砂质壤土生长，但不耐盐碱。根系较浅，忌积水低洼地。有一定的耐寒和耐旱力。

★ 植物文化

日本把樱花作为国花。日本政府把每年的3月15日—4月15日定为"樱花节"。樱花在日本已有1000多年的栽培历史。公元8~9世纪，日本人开始喜欢樱花。文人墨客赞美樱花的歌逐渐多起来。民间开始出现赏樱花的活动。

★ 观赏价值

樱花的生长繁盛，枝叶繁茂，花色艳丽多彩，是一种很优质的园林观赏性植物，所以樱花也多用于群植或是单独栽种在园林里的道路旁、庭院里、建筑物前等。樱花也可以制作盆景放在居室里，美化空间，陶冶情操。

玉兰

　　玉兰别名木兰、迎春花，为木兰科玉兰属落叶乔木。成年玉兰树可高达20米左右，枝广展，呈阔伞形树冠；胸径1米；树皮灰色；揉枝叶有芳香；嫩枝及芽密被淡黄白色微柔毛，老时毛渐脱落。花白色到淡紫红色，大型、芳香，花冠杯状，花先开放，叶子后长，花期10天左右。

★ 玉兰的分布

　　玉兰为我国特有的名贵园林花木之一，原产于长江流域，现在庐山、黄山、峨眉山等处尚有野生。北京及黄河流域以南均有栽培。

★ 生长习性

　　玉兰喜光照充足、湿润的环境，略耐半阴，在荫蔽处则生长不良、枝细花少。耐寒性较强。有一定的耐旱能力，怕积水，若土壤过湿或积水容易导致烂根，故不能栽植于低洼之处。土质肥沃而又排水良好、中性或偏酸性的壤土，最适合种植玉兰。

中国儿童植物百科全书

★ 观赏价值

作为我国著名的花木种类，玉兰花盛开时的形状如同圣洁的莲花，花瓣向四方伸展，成片种于庭院、公园里，形成耀眼的白色花群，具有极高的观赏价值。

★ 食用价值

因为玉兰花富含多种维生素、微量元素和氨基酸，因此也能泡制茶饮，还有一些用玉兰花当作食材烹制而成的美食。

★ 玉兰传说

在一处深山里住着三个姐妹，大姐叫红玉兰，二姐叫白玉兰，小妹叫黄玉兰。龙王锁了盐库，不让张家界的人吃盐，导致了瘟疫发生，死了好多人。三姐妹十分同情他们，于是决定帮大家讨盐。村子的人得救了，后来人们为了纪念她们，就将当地的一种花树称作"玉兰花"。

女贞

女贞为木樨科女贞属常绿灌木或乔木。高可达25米，树皮灰褐色。枝黄褐色、灰色或紫红色，圆柱形，疏生圆形或长圆形皮孔。圆锥花序，乳白色，有香气。果子球型，果实紫黑，11～12月成熟。

★ 女贞的分布

女贞原产于我国，分布于长江以南至华南、西南各省区，向西北分布至陕西、甘肃。朝鲜也有分布，印度、尼泊尔也有栽培。

★ 生长习性

女贞耐寒性好，也耐水湿，喜温暖湿润气候，喜光耐阴。为深根性树种，须根发达，生长快，萌芽力强，耐修剪，但不耐瘠薄。对土壤要求不严，以砂质壤土或黏质壤土栽培为宜，在红、黄壤土中也能生长。生于海拔2900米以下疏、密林中。

★ 观赏价值

园林中常见的观赏树种，四季婆娑、枝叶茂密，可于庭院中种植，也是行道树中常见的树种。因为女贞适应性强，生长快且耐修剪，也用于绿篱。一般经过3～4年即可成形，以达到隔离的效果。女贞的播种繁殖育苗容易，还可以作砧木，用来嫁接繁殖桂花、丁香等。

自然环境中的植物

★ 常见品种

女贞的品种繁多，常见的有小叶女贞（小叶女贞球）、大叶女贞（高竿女贞）、金叶女贞（金叶女贞球）、金森女贞（金森女贞球），比较少的品种有红叶女贞、紫叶女贞、花叶女贞、日本女贞等。

🌱 冬青

　　冬青是冬青科冬青属常绿乔木。树冠卵圆形，树皮灰青色。叶薄革质，长椭圆形至披针形，叶柄常为淡紫红色，叶干后呈红褐色。雌雄异株，聚伞花序着生于当年生枝条的叶腋，花瓣紫红色或淡紫色。果实深红色，椭圆形。花期5~6月，果实10~11月成熟。

★ 冬青的分布

　　冬青分布于我国江苏、安徽、浙江、江西、福建、台湾、河南、湖北、湖南、广东、广西和云南等省区；生于海拔500~1000米的山坡常绿阔叶林中。

★ 生长习性

　　冬青为亚热带树种，喜温暖气候，有一定耐寒力。适合生长于肥沃湿润、排水良好的酸性壤土。较耐阴湿，萌芽力强，耐修剪。

★ 观赏价值

冬青观赏价值较高，是庭院中的优良观赏树种。宜在草坪上孤植，门庭、墙边、园道两侧列植，或散植于叠石、小丘之上，葱郁可爱。冬青采取老桩或抑生长使其矮化，用来制作盆景。冬青枝繁叶茂，四季常青，由于树形优美，枝叶碧绿青翠，是公园篱笆绿化的首选苗木，可应用于公园、庭院、绿墙和高速公路中央隔离带。

★ 不同种类

冬青树有400多种，主要分为灌木与乔木两类。在我国有200多种，种类较多，比较常见的包括矮冬青、铁冬青、梅叶冬青、广东冬青、榕叶冬青、大叶冬青、四川冬青等。

★ 象征意义

冬青通常象征着生命的珍贵，这是因为冬青一年四季都保持绿色，象征着一种生命的延续。而且冬青还有着十分坚强的生命力，即使在寒冷的冬季也不会冻死，到来年继续生长。

槐树

槐树是豆科槐属植物，树型高大，其羽状复叶和刺槐相似，但刺槐的叶略透明。槐树的花为白色，可烹调食用，也可作中药或染料。其荚果跟其他豆类植物不同，肉胶质，在种粒之间收缩，形成念珠状，俗称"槐米"，也是一种中药。槐树花期在夏末，和其他树种花期不同，所以是一种重要的蜜源植物。

中国儿童植物百科全书

★ 槐树的分布

槐树原产于我国，又叫中华槐、国槐。槐树在不少国家都有引种，尤其是在亚洲。原来在我国北部较为集中，北自辽宁、河北，南至广东、台湾，东自山东，西至甘肃、四川、云南。

★ 生长习性

槐树性耐寒，喜阳光，稍耐阴，在低洼积水处生长不良，深根，对土壤要求不严，较耐瘠薄，石灰及轻度盐碱地（含盐量0.15%左右）上也能正常生长。但在湿润、肥沃、深厚、排水良好的砂质土壤上生长最佳。耐烟尘，能适应城市街道环境。病虫害不多。寿命长，耐烟毒能力强。

★ 园林价值

　　槐树是庭院常用的特色树种，其枝叶茂密，绿荫如盖，适作庭荫树，在我国北方多用作行道树。槐树搭配栽植于公园、建筑四周、街坊住宅区及草坪上，也极相宜。槐树又是防风固沙，用材及经济林兼用的树种，是城乡良好的遮荫树和行道树种。

★ 经济价值

　　槐树的花期长，花多，是优良的蜜源植物。槐树皮纤维可用于造纸、打绳索。种子含油18%～24%。可用于制肥皂、润滑油。花和果均可入药。槐树树干坚韧，耐水湿，可用于建筑、造船和家具等。

★ 植物文化

　　古代封建社会里，槐树是三公（太师、太傅、太保）宰辅之位的象征。周朝有"三槐九棘"的制度，即公卿大夫按位分坐于槐树和棘树下，朝觐天子。左九棘，为公卿大夫之位；右九棘，为公侯伯子男之位；面三槐，为三公之位。因此"槐棘"成为三公九卿之位的代词，槐树也从一种常见的树种逐渐成为宫廷符号、官位别称。

榆树

榆树又名春榆、白榆等，为榆科榆属落叶乔木，幼树树皮平滑，灰褐色或浅灰色，大树之皮暗灰色，不规则深纵裂，粗糙；叶椭圆状卵形等，叶面平滑无毛，叶背幼时有短柔毛，后变无毛或部分脉腋有簇生毛，叶柄面有短柔毛。花先叶开放，在生枝的叶腋成簇生状。翅果近圆形。花果期3～6月（东北较晚）。

★ 榆树分布

榆树分布于我国东北、华北、西北及西南各省区，朝鲜、俄罗斯、蒙古国也有分布。生于海拔1000～2500米之山坡、山谷、川地、丘陵及沙岗等处。

★ 生长习性

榆树喜光，耐寒，抗旱，能适应干冷气候。喜肥沃、湿润而排水良好的土壤，对土壤要求不严，在干燥瘠薄土壤及沙丘地也能生长，耐轻盐碱，不耐水湿。主根、侧根均较发达，抗风、萌芽力强，耐修剪。生长快，寿命长。

★ 园林价值

　　榆树树干通直，树形高大，绿荫较浓，适应性强，生长快，是城市绿化、行道树、庭荫树、工厂绿化、营造防护林的重要树种。在干瘠、严寒之地常呈灌木状，可用作绿篱。又因其老茎残根萌芽力强，可自野外掘取制作盆景。在林业上也是营造防风林、水土保持林和盐碱地造林的主要树种之一。

★ 不同种类

　　榆树是榆科榆属植物的统称，全世界有40多种，产于北半球。我国有25种6变种，常见的有大果榆、脱皮榆、兴山榆、蜀榆、阿里山榆、长序榆、欧洲白榆等。

★ 植物文化

　　榆树，素有"榆木疙瘩"之称，言其不开窍，难解难伐之谓。其实，老榆木更像一个善解风情的老手，不管是王谢堂前，还是百姓后院，都见它的潇潇伫立的身影，点缀装饰的才情。

竹子

竹子是禾本科竹属多年生草本植物。竹枝杆挺拔，修长，亭亭玉立，婀娜多姿，四季青翠，凌霜傲雪，倍受我国人民喜爱，有梅兰竹菊"四君子"之一，梅松竹"岁寒三友"之一等美称。

★ 竹子的分布

竹子原产我国，类型众多，适应性强，分布极广。在我国主要分布在南方，像四川、湖南等省，全世界共计有70多属1200多种，盛产于热带、亚热带和温带地区。我国是世界上产竹最多的国家之一，共有200多种，分布在全国各地，以珠江流域和长江流域最多，秦岭以北雨量少、气温低，仅有少数矮小竹类生长。

★ 生长习性

绝大多数竹子喜爱温暖潮湿的气候，对土质的要求不高，但透风排水性优良的土质最好；对水分有要求，不仅要有充裕的水分，还要排水性好。

★ 园林用途

    竹子四季常青，用途广泛。在庭院中，是不可缺少的点缀假山水榭的植物。桂林漓江旁广植凤尾竹，成为一道独特的风景。安吉大竹海、蜀南竹海与赣南竹海是我国有名的竹海景观。

★ 经济价值

    由于竹子生长快，近几年出于环保考虑，有大量家具与纸改用竹子制造。竹子也可制作工艺品、乐器等。将竹材用工程化方法，经物理和化学作用制成的竹纤维，被用作纺织品，做成毛巾和衣物等。竹子作为建材常用于建造棚架（搭棚），也常用于制作扫帚、桌、椅等日用品。

★ 净化环境

    竹材经过烘焙，制成竹炭，被用在许多场合，包括去除环境气味，以及特殊风味食品。竹炭经过粉碎和活化制成的活性炭，有很好的吸附和净化作用，被用在汽车和家居，以及污水处理等方面。

黄杨

黄杨为黄杨科黄杨属常绿灌木或小乔木，高1~6米。小枝密集，四棱形，具柔毛。叶椭圆形至卵状长椭圆形，最宽部在中部或中部以下，长1.5~3厘米，先端钝或微凹，全缘，表面深绿色，有光泽，背面绿白色；叶柄很短，有毛。花簇生叶腋，淡绿色，花药黄色。蒴果三脚鼎状，熟时黄褐色。花期3月；果7月成熟。

★ 黄杨的分布

黄杨多生长于山谷、溪边、林下，海拔1200~2600米。黄杨在我国多产于陕西、甘肃、湖北、四川、贵州、广西、广东、江西、浙江、安徽、江苏、山东等省，其中部分省份属于引进栽培。

★ 生长习性

黄杨喜半阴，在全光下生长叶常发黄。喜温暖、湿润气候，稍耐寒。喜肥沃、湿润、排水良好的中性及微酸性土壤，耐旱，稍耐湿，忌积水。耐修剪，抗烟尘及有害气体。

★ 不同种类

黄杨为东亚黄杨属的代表种，广泛分布，变异很多，且由此派生了几个不同的种，如我国西部产的毛果黄杨、西南部产的皱叶黄杨、日本产的日本黄杨等。

★ 园林价值

黄杨是一种常绿的植物，叶子外观十分漂亮，并且可以修剪成不同的形状，经常被种植在园林、花坛中，起着绿化的作用。

★ 经济价值

黄杨的枝干是一种上好的木材，细腻不易断裂，色泽洁白并且很坚硬，是做筷子、棋子和木雕的上好材料，可以说黄杨给人们带来了巨大的经济效益。

苔藓植物

苔藓植物是一种小型的绿色植物，结构简单，仅包含茎和叶两部分，有时只有扁平的叶状体，没有真正的根和维管束。苔藓植物喜欢阴暗潮湿的环境，一般生长在裸露的石壁上，或潮湿的森林和沼泽地中。

★ 苔藓的分布

苔藓植物大多生于阴湿的土地、岩石和树干上，在热带亦可生于树叶上，在温带、寒带、高山、冻原、森林、沼泽等地常能形成大片群落。苔藓植物分布范围极广，可以生存在热带、温带和寒冷的地区（如南极洲和格陵兰岛）。成片的苔藓植物称为苔原，苔原主要分布在欧亚大陆北部和北美洲，局部生长在树木线以上的高山地区。

★ 生长习性

苔藓不适宜在完全阴暗的地方生长，它需要一定的散射光线或半阴环境，最主要的是喜欢潮湿环境，特别不耐干旱及干燥。养护期间，应给予一定的光亮，每天喷水多次，（依空气湿度而定）应保持空气相对湿度在80%以上。另外，就是温度，不可低于22℃，最好保持在25℃以上，才会生长良好。

★ 不同种类

苔藓植物为绿色无种子的较为原始的高等植物。在全世界约有23000种，我国约有3100种。结构简单，种类繁多，分布广泛。较常见的苔藓类植物有葫芦藓、黑藓、地钱、大灰藓、大金发藓、万年藓等。

★ 园林价值

苔藓植物往往成片、成丛生长，覆盖地面，对于水土保持特别有利；具有很强的吸水能力，在园林中常被用作苗木根部保湿和山石盆景的装饰材料；对空气中二氧化硫等有毒气体很敏感，可作监测大气污染的指示植物。

★ 开路先锋

苔藓是自然界的拓荒者。大多数的苔藓植物能够分泌出一种酸性液体，这种液体能使岩石表面进行缓慢的溶解，加速岩石的风化，形成土壤，所以苔藓也是其他植物生长的开路先锋。

蕨类植物

蕨类植物门下的植物是最古老的陆生植物。蕨类植物具有根、茎、叶的分化，同时在孢子体中出现了维管系统，使植物体具有较强的输导能力，因此，可以在较干旱的环境中生存。

★ 蕨类的分布

蕨类植物分布很广，除了海洋和沙漠外，无论在平原、森林、草地、岩隙、溪沟、沼泽、高山还是流水中，都有它们的踪迹，尤以热带和亚热带地区，为其分布中心。

★ 不同种类

现存的蕨类植物约有12000种，广泛分布于世界各地，尤其是热带和亚热带最为丰富。我国有63科228属，约2500种，主要分布在华南及西南地区，仅云南一省就有1000多种，所以云南有"蕨类王国"之称。已知可供药用的蕨类植物有39科300余种。

★ 庞大的植物类群

蕨类曾经是地球上十分茂盛的植物类群，在地质大变动的时代许多蕨类植物被埋入土下，经过长期的演变成为煤炭。直至今日，蕨类植物仍然是林下植被中的重要组成部分，如贯众、里白等，具有极强的水土保持能力。

★ 食用价值

多种蕨类可食用。著名的种类如紫萁、荚果蕨、苹蕨、毛轴蕨等多种蕨类的幼叶可食。蕨的根状茎富含淀粉，可食用和酿酒，桫椤茎干中含的胶质物也可食用。

★ 农业用途

有的水生蕨类为优质绿肥，如满江红属的蕨类，它们在有些地方被当作稻田的生物肥料，因为它们可以利用固氮作用从空气中得到可以被其他植物使用的元素。同时还是家禽家畜的优质饲料。蕨类植物含有丹宁，不易腐烂和发生病虫害，常用于苗床的覆盖材料。

★ 观赏价值

许多的蕨类植物姿形优美，具有很高的观赏价值，为著名的观叶植物类。如铁线蕨、巢蕨、鹿角蕨、桫椤、荚果蕨、肾蕨等，尤其是波斯顿蕨。此外，山苏花亦很受欢迎。

湿地水生植物

一望无际的水面，若出现一抹绿色的植物，就恰如晴朗的蓝天有白云的点缀，这些植物有的成片，有的星星点点，使水面呈现出一派美丽祥和的氛围，给平静的湖面增添妩媚、亮丽的风景。

芦苇

芦苇是禾本科芦苇属多年水生或湿生的高大禾草，通常生长在浅水中。它的根生长在水中的泥土中，具备发达的通气组织，茎和叶绝大部分挺立出水面。实际上，芦苇像两栖动物一样，在陆地和水中都能生长和繁殖，即使被水淹没，待水退去后也照样能生长。

★ 芦苇的分布

芦苇在我国分布很广，东起黄河河口，西至新疆的塔城、伊犁，东北从黑龙江省的三江平原，南至湖南的洞庭湖畔。集中分布于东北、华北、西北。

★ 生长习性

芦苇多生于低湿地或浅水中，常生长于沟边，河堤沼泽中及河流和河流交汇处。除森林环境不适合它生长外，各种有水源的空旷地带，常以其迅速扩展的繁殖能力，形成连片的芦苇群落。

★ 工业价值

由于芦苇的叶、叶鞘、茎、根状茎和不定根都具有通气组织，所以它能净化污水。芦苇茎秆坚韧，纤维含量高，是造纸工业中不可多得的原材料。

中国儿童植物百科全书

★ 园林价值

　　芦苇种在公园的湖边，开花季节特别美观。芦苇生命力强，易管理，适应环境广，生长速度快。是旅游景点水面绿化、河道管理净化水质、沼泽湿地置景工程、护土固堤改良土壤之首选。

★ 植物文化

　　芦苇茎直株高，迎风摇曳，野趣横生。曾有诗赞芦苇："浅水之中潮湿地，婀娜芦苇一丛丛。迎风摇曳多姿态，质朴无华野趣浓。"

慈姑

慈姑是泽泻科慈姑属多年生直立水生草本植物。植株高大，叶丛生，基部有许多根须。根部附近生出纤细匍匐枝，秋后枝端膨大呈球茎，球茎直径达3厘米。叶片箭形，宽大，长20～30厘米，叶基部左右两侧的裂片长度超过中央片。

★ 慈姑的分布

慈姑分布范围较广，我国南北各地均有分布，华南地区和长江流域栽培普遍，其中江苏太湖地区及珠江三角洲为主产区。

★ 生长习性

慈姑适应性强，在陆地上各种水面的浅水区均能生长。适宜生长于光照充足，气候温和、较背风的环境下。喜好土壤肥沃，但土层不太深的黏土。风、雨易造成其叶茎折断，其球茎生长也会受阻。

★ 食用价值

　　慈姑含淀粉24%、蛋白质4%、脂肪0.2%，还含有及B族维生素、维生素C、胆碱、甜菜碱等营养物质，常食有益无害。洪涝灾年，各种作物减产或颗粒无收，只有慈姑却能丰收，又因为慈姑易于贮藏，春冬可随之采收，故此是救荒的理想的食品。

★ 植物文化

　　在广东地方语境里，慈姑被赋予多子、慈孝的文化含义。在民间风俗画中，把慈姑和柑橘画在一起，意寓瓜瓞绵绵。广东新娘回娘家，娘家人则会为女儿准备一份回家的礼物，即葱蒜和慈姑，寓意为聪明能算、早生贵子。

荷花

荷花是莲科莲属多年生水生草本植物。根茎肥大多节，横生于水底泥中，根也称为"藕"。叶盾状圆形，表面深绿色，有蜡质感，背面灰绿色，全缘并呈波状。叶柄圆柱形，密生倒刺。花单生于花梗顶端、高托水面之上，花色有白、粉、深红、淡紫或间色等变化。花期6～9月，每天早晨开花，傍晚闭合。果熟期9～10月。

★ 藕

藕是荷花横生于淤泥中的地下根茎。藕的横断面有许多大小不一的孔道，这些孔道是荷花为适应水中生活形成的气腔。在叶柄、花梗里同样长有气腔。在茎上还有许多细小的导管，这些导管是用来运输水分的。导管壁上附有增厚的黏液状的木质纤维素。它具有一定的弹性，当折断拉长时，出现许多白色相连的藕丝。老藕的丝往往多于嫩藕。

★ 荷花的分布

荷花原产亚洲热带和温带地区，性喜温暖多湿。除我国外，日本、俄罗斯、印度、斯里兰卡、印度尼西亚、澳大利亚等国均有分布。

★ 栽培历史悠久

我国栽培荷花的历史久远。在人工栽培前，早有野生的荷花。古植物学家徐仁教授，曾于40年前在柴达木盆地发现荷叶化石，该化石距今至少有1000万年。1973年在浙江余姚县距今约7000年的"河姆渡文化"遗址出土的文物中，发现有荷花的花粉化石；同年又在河南郑州市距今约5000年的"仰韶文化"遗址中发现两粒炭化莲子。

★ 食用价值

早在古代，我国人民就把莲子作为珍贵食品。西周初期（公元前11世纪），人们发现可食用的蔬菜约40余种，藕就是其中的一种。莲藕是最好的蔬菜和蜜饯果品。传统的莲子粥、莲脯、莲子粉、藕片夹肉、荷叶蒸肉、荷叶粥等都是古代人创造的莲藕食品。

★ 象征意义

荷花是圣洁的代表，更是佛教神圣净洁的象征。荷花出尘不染，清洁无瑕，因此，大家都以荷花"出淤泥而不染，濯清涟而不妖"的高尚品质作为激励自己洁身自好的座右铭。

★ 植物文化

荷花是友谊的象征和使者。我国古代民间就有秋天采莲怀故人的传统。在我国花文化中，荷花是最有情趣的咏花诗词对象和花鸟画的题材；是最优美多姿的舞蹈素材；也是各种建筑装饰、雕塑工艺及生活器皿上最常用、最精美的图案纹饰和造型。

睡莲

　　睡莲又名子午莲，睡莲科睡莲属多年生水生草本植物。叶子浮于水面，叶片呈马蹄形，有长柄。花多为白色，也有黄、红、蓝等颜色。睡莲广泛分布于美洲、亚洲和澳大利亚。它的花朵大而艳丽，外貌像百合的鳞茎，所以又名水百合。

★ 不同种类

　　我国是睡莲的故乡，在我国除有普通的白色以外，还有黄、红、蓝、洒金等色，其中以红和洒金为名贵的品种。其他国家也有栽培，如美国园艺专家已培育出10多个睡莲的品种，有柔毛睡莲、白睡莲等。

★ 生长习性

　　睡莲是水生植物，喜欢水是天经地义的。可是，它同样喜欢阳光。在烈日炎炎的盛夏季节，几乎所有植物都被烈日烤灼得低下头，而睡莲却高昂起花蕾，绽开鲜艳的花朵。不仅给人带来鲜花的美丽，而且能够使人有凉爽快意的感觉。

★ 观赏价值

睡莲是水生观赏花卉，适宜于公园、庭院的小浅池内栽培观赏，也可以栽于盆中，放置在书房、客厅中观赏。睡莲在水中有绿叶红花、白花、黄花漂浮在水上，翠绿嫩蕊，亭亭玉立，给人以幽静淡雅的美感。

★ 碗莲

栽植于碗中的睡莲，称作"碗莲"。其茎长度仅两三寸，径粗五六分，每枝分两三节。每年清明时节种植，选用隔年饱满茎节，种植于碗中，并在底面放土壤或泥沙，大约3厘米厚，再把选出的茎枝种在土中，灌少许清水，待其湿润后，置阳光下晒到表面开裂，再续水加湿。

★ 净水能手

由于睡莲根能吸收水中的汞、铅、苯酚等有毒物质，还能过滤水中的微生物，是难得的净化水体的植物，所以它们在城市水体净化、绿化、美化建设中备受重视。

★ 象征意义

睡莲寓意着纯净、圣洁，在我国代表着"出淤泥而不染，濯清涟而不妖"的品格。睡莲在不同的国家，存在不同的象征意义。在德国，它寓意着妖艳，得到睡莲祝福的人会有一种让人无法抗拒的美丽。在埃及，睡莲又象征着神圣，被誉为神圣之花，属于埃及一种特别的图腾，代表只有开始没有幻灭。

浮萍

浮萍是天南星科浮萍属多年生漂浮植物。叶状体对称，表面绿色，背面浅黄色或绿白色或常为紫色，浮萍叶子近圆形，倒卵形或倒卵状椭圆形，全缘，上面稍凸起或沿中线隆起，背面垂生丝状根1条，根白色，根冠钝头，根鞘无翅。

★ 浮萍的分布

浮萍的分布范围非常广泛，全世界几乎所有的淡水水域都可以找到浮萍的身影。在我国，浮萍的分布也非常广泛，主要分布在长江流域、黄河流域、淮河流域等地。此外，浮萍还可以在一些人工养殖的水域中发现，如鱼塘、稻田等。

★ 生长习性

浮萍喜温暖气候和潮湿环境，忌严寒。宜选水田、池沼、湖泊栽培。生长于水田、池沼或其他静水水域，形成密布水面的漂浮群落，由于该种繁殖快，通常在群落中占绝对优势。

★ 饲用价值

浮萍富含蛋白质和维生素，是一种优质的饲料。在一些养殖业中，浮萍被广泛用于鱼类、家禽等的饲养。

★ 净水作用

浮萍能够吸收水中的有害物质，如有机物、氨氮等，并且可以将这些营养物质转化为植物生长的营养元素，从而提高水质。浮萍还能够阻止水中藻类或蓝藻的生长，避免水体富营养化和水面出现藻化。

★ 植物文化

由于浮萍长期漂浮在水面上，随波而动，故而浮萍常常用来比喻飘泊无定的身世或变化无常的人世间。李时珍曾云："一叶经宿即生数叶。"可见浮萍的繁殖能力很强，因而我们一旦在河面上看见了浮萍，那必然都是成片泛滥。

菰

菰是禾本科菰属多年生浅水草本，具匍匐根状茎。叶子扁平或圆形，花朵黄绿色，果实呈圆锥形。花期、果期在秋季。

★ 茭白的诞生

古人称茭白为"菰"。在唐代以前，茭白被当作粮食作物栽培，它的种子叫菰米或雕胡，是"六谷"（稻、黍、稷、粱、麦、菰）之一。后来人们发现，有些菰因感染上黑粉菌而不抽穗，且植株毫无病象，茎部不断膨大，逐渐形成纺锤形的肉质茎，这就是现在食用的茭白。

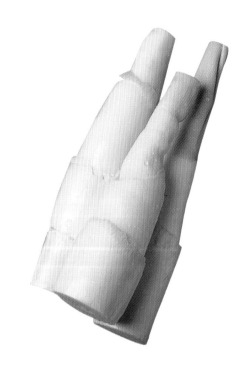

★ 菰的分布

菰原产我国及东南亚，在亚洲温带、日本、俄罗斯及欧洲均有分布。在我国主要分布于长江流域以南各地，在华北地区也有零星栽培，主要产地包括黑龙江、吉林、辽宁、内蒙古、河北、甘肃、陕西、四川、湖北、湖南、江西、福建、广东、台湾等省。

★ 生长习性

菰喜温暖，生长适温10～25℃，不耐寒冷和高温干旱。平原地区种植双季菰为多，双季菰对日照长短要求不严，对水肥条件要求高，而温度是影响菰生长的重要因素。菰根系发达，需水量多，适宜水源充足、灌水方便、土层深厚松软、土壤肥沃、富含有机质、保水保肥能力强的黏壤土。

★ 营养价值

菰的营养价值非常高，其茎叶中含有丰富的蛋白质、碳水化合物、维生素和矿物质等营养成分。其中，蛋白质含量高达10%以上，比普通蔬菜高出数倍，是一种优质的植物蛋白来源。此外，菰还含有多种维生素和矿物质，如维生素C、钙、铁、锌等，对人体有很好的保健作用。

★ 植物文化

菰米外表虽不像稻米那么美白，却被古人视为美味，认为它香气扑鼻，滑嫩爽口。汉代以后，人们开始种植菰，此后直到唐代都把它作为重要粮食。汉代词赋家枚乘，把菰米饭列为九种"至味"之一；从唐代李白笔下的"跪进雕胡饭，月光明素盘"、杜甫笔下的"滑忆雕胡饭，香闻锦带羹"之中，也能想见菰米是多么受宠。

菱

菱是菱科菱属一年生浮水水生草本植物。菱角藤长绿叶子，叶子形状为菱形，故果实称菱角。茎为紫红色，开鲜艳的黄色小花，又称"水中落花生"，果实"菱角"为坚果，垂生于密叶下水中，必须全株拿起来倒翻，才可以看得见。

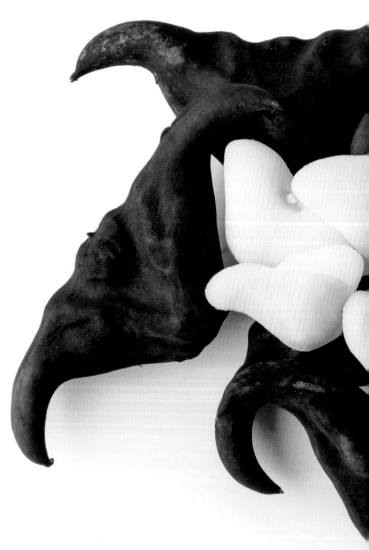

★ 菱的分布

菱原生于欧洲，我国南方尤其是长江下游太湖地区和珠江三角洲栽培最多。长江中上游陕西南部，安徽、江苏、湖北、湖南、江西及浙江、福建、广东、台湾等省均有人工栽培。俄罗斯、日本、越南、老挝等也有栽培。

★ 生长习性

菱喜温暖，不耐寒，较耐热，生长适温25～30℃，温度低于5℃时受冻害；喜湿润，既可完全水生，又能半水生，在池塘、沼泽、湖泊中均可生长；喜肥沃，不耐盐碱，以土层深厚、土质疏松且富含腐殖质的淤泥土为宜；喜阳光，不耐阴，光照充足时生长强健，长期在荫庇的环境下会生长不良。

★ 营养价值

　　菱角含有丰富的蛋白质、淀粉、葡萄糖、不饱和脂肪酸以及B族维生素、维生素C等成分，可为身体补充能量，提供营养成分；菱角含有 钙、磷、铁等微量元素对人体有益。

★ 菱角寓意

　　江南一带中秋节有吃菱角的习俗，因为菱角有"聪明伶俐"的寓意。每到中秋节，街市上到处是卖菱角和买菱角的人，给小孩子吃菱角更寄托着大人们希望他们聪明伶俐的祝福。

水葫芦

　　水葫芦学名凤眼莲，是雨久花科凤眼莲属的浮水草本植物，其茎叶悬垂于水上，蘖枝匍匐于水面。花为多棱喇叭状，花色艳丽美观。叶色翠绿偏深。叶全缘，光滑有质感。须根发达，分蘖繁殖快。

★ 水葫芦的分布

　　水葫芦广泛分布于北美、非洲、亚洲、大洋洲和欧洲60多个国家。我国华北、华中、华东、华南都有分布，浮水或生长在泥中、河水、池塘、水田或小溪流中。

★ 生长习性

　　水葫芦喜欢温暖湿润、阳光充足的环境，适应性很强。适宜水温18～23℃，超过35℃也可生长，气温低于10℃停止生长，具有一定耐寒性。喜欢生于浅水中，在流速不大的水体中也能够生长，随水漂流。开花后，花茎弯入水中生长，子房在水中发育膨大。

★ 食用价值

水葫芦花和嫩叶可以直接食用，其味道清香爽口。马来西亚等地的土著居民常以水葫芦的嫩叶和花作为蔬菜。

★ 环保价值

水葫芦是监测环境污染的良好植物，它可监测水中是否有砷存在，还可净化水中汞、镉、铅等有害物质。在生长过程中能吸收水体中大量的氮、磷以及某些重金属元素等营养元素，水葫芦对净化含有机物较多的工业废水或生活污水的水体效果比较理想。

★ 观赏价值

水葫芦最早引进我国就是作为观赏植物的，因为它特别好看，花为浅蓝色，呈多棱喇叭状，上方的花瓣较大。花瓣中心生有一明显的鲜黄色斑点，形如凤眼，非常养眼、亮丽。

★ 水葫芦的危害

水葫芦入侵水域后，能够成片生长，阻塞河道，影响水上运输和农田灌溉，与原本的水生植物争光、争肥、争水和生长空间，威胁生物多样性，降低水产品质量。

荸荠

荸荠是莎草科荸荠属多年生草本植物。瘦长匍匐根状茎；秆丛生，笔直，圆柱状；叶缺，仅在秆的基部有2~3个叶鞘；小穗圆柱状，苍白微绿色，基部的一片鳞片中空无花，抱小穗基部一周，其余鳞片全有花，松散地复瓦状排列；小坚果倒卵形，扁双凸状，顶端不缢缩，黄色；花果期5~10月。

★ 荸荠的分布

荸荠最早发现于吕宋岛，我国广东、广西、贵州、四川、重庆、湖南、江苏、江西、福建、山东、浙江、台湾、海南等省均有分布，国外主要分布在日本、印度等地，多生长于沼泽、水田及浅水溪河中。

★ 生长习性

荸荠喜欢高温和长日照，不耐霜冻，一般比较喜欢生长在温暖湿润和日照时间长的地方。荸荠最适宜的生长温度是在25~30℃。通常比较适合种植在松软、肥沃、土层较浅的砂质土壤或者腐殖质土壤中。

★ 食用价值

荸荠汁多味甜，营养丰富，既可以生食，也可以熟食或做菜，热食则可做成多种荤素皆宜的佳肴，尤适于制作罐头，称为"清水马蹄"。还可提取淀粉，与藕粉及菱粉并称为"淀粉三魁"。

★ 食用禁忌

食用荸荠前最好是将它洗干净以后再煮熟或者蒸熟后食用，因为荸荠生长在地下，它的外皮和内部都会有细菌或者寄生虫存在，直接生食会导致有害物质进入人体，对身体的危害性很大。此外，荸荠性寒，脾胃虚寒者要少吃。

★ 植物文化

荸荠常常和田园风光联系在一起，宋代诗人陆游《野饮》中有"溪桥有孤店，村酒亦可酌，凫茈（荸荠）小甑炊，丹柿青篾络"，明人吴宽在《赞荸荠》中有"累累满筐盛，上带荸门土，咀嚼味还佳，地栗（荸荠）何足数"等诗句，这些诗句中都因为荸荠的存在而飘荡着浓浓的乡土味道。

沙漠草原植物

　　一望无际的沙漠里，却生存着这样一群植物，它们不畏炎热、不畏干旱，顽强地生长着，它们的哪些特征，让它们具有如此顽强的生命力？郁郁葱葱的草原上也有一群别具特色的植物在生长着，它们给草原披上了不一样的风景。

🌱 仙人掌

　　仙人掌是仙人掌科仙人掌属丛生肉质型灌木。上部宽，为倒卵状近椭圆形，前端为圆形，边缘不规整，全身无毛；刺基本为黄色，粗钻形，内弯且根部扁短。花期为3~5月。

★ 仙人掌的分布

　　仙人掌原产于美国的南部以及东南部沿海地区、墨西哥东海岸、百慕大群岛、西印度群岛和南美洲的北部。现在广泛分布在南美洲、非洲、东南亚以及我国的南方。

★ 生长习性

　　仙人掌面对严酷的干旱环境，与滚滚黄沙战斗，与少雨缺水、冷热多变的气候战斗，不仅没被沙漠吓跑，反而站稳了脚跟。仙人掌经过千千万万年战斗岁月的洗礼，形成了奇特的生态构造：叶子没有了，茎干变成了肉质多浆多刺状，有的刺变成了白色的芽毛。

★ 贮水大户

仙人掌不仅能减少水分消耗，同时还能大量贮水。因为它知道，不贮存更多的水分，在干旱少雨的沙漠，随时都有干死的危险。于是，它把根深深地扎进沙地里吸收水分，而它那肉质茎含胶汁物，吸水能力强，水分很难从它的茎干中跑掉。有的仙人掌有10米高，茎干像水缸那样粗，活像个贮水桶。

★ 食用价值

仙人掌果实清香甜美、鲜嫩多汁，一般以鲜食为主；墨西哥等地也用鲜果加工成罐头或酒精饮料，也可加蜂蜜、鲜奶、冰块打成果汁，或做冰激凌，风味更佳。

★ 植物文化

在墨西哥传统文化中，仙人掌被用作祭祀和崇拜的对象，象征着生命、复苏、重生和不屈不挠的精神。仙人掌也是墨西哥的国花，代表着墨西哥的文化和历史。在美国的西部文化中，仙人掌也是一种重要的象征。在电影、音乐、文学等领域，仙人掌经常被用来代表着西部文化的精神和特点，如坚韧、独立和自由。

芦荟

芦荟为阿福花科芦荟属多年生常绿草本植物，叶近簇生，大而肥厚，呈座状或生于茎顶，叶常披针形或叶短宽，边缘有尖齿状刺。花序为伞形、总状、穗状、圆锥形等，色呈红、黄或具赤色斑点，花瓣六片、雌蕊六枚。花被基部多连合成筒状。

★ 芦荟的分布

芦荟最初生长在非洲热带干旱地区，现在分布在印度、马来西亚、非洲大陆和热带地区。在我国福建、台湾、广东、广西、四川、云南等省有栽培，也有野生状态的芦荟存在。

★ 名字由来

芦荟是一种民间药草，自古以来深受人们的喜爱。"芦"其中文意为黑的意思，而"荟"是聚集的意思。芦荟叶子切口滴落的汁液呈黄褐色，遇空气氧化就变成了黑色，又凝为一体，所以称作"芦荟"。

★ 生长习性

　　芦荟喜欢温暖的环境，不耐寒，当温度低于10℃时停止生长，低于0℃开始死亡，所以北方需要采取保暖措施；芦荟是热带、亚热带喜光植物，生长需提供足够的阳光，不喜积水、闷热、潮湿的环境；对土壤有一定的要求，适合在渗透性好的沙土中生长。对肥料的需求很少，施肥时宜用有机肥，并辅以微量元素肥料。

★ 净化空气

　　芦荟有一定的净化空气的作用，能够吸收室内的二氧化碳、甲醛等有害气体，并且在夜晚进行呼吸作用，吸收二氧化碳，释放出氧气，有助于人体健康。并且芦荟还是一个"室内空气检测器"，当室内的有害气体超标严重时，叶片会出现一些黑点，发出求救的信号，这个时候咱们就要注意开窗通风了。

★ 美容植物

　　芦荟是一种良好的天然美容植物，像库拉索芦荟、木立芦荟、皂质芦荟等都可以用它的新鲜汁液外用来做美容。不过，使用的时候要注意先测试会不会对芦荟液过敏，不要盲目使用。而且使用的品种也有限制，很多观赏用的培育芦荟还是不要随便使用为妙。

沙枣

　　沙枣是胡颓子科胡颓子属落叶乔木植物。高5～10米。无刺或具刺，棕红色。叶薄纸质，披针形，基部宽楔形，上面幼时被银白色鳞片，下面密被银白色鳞片，侧脉不明显；叶柄长0.5～1厘米，银白色。花银白色，直立或近直立，芳香，花生小枝下部叶腋。果椭圆形，粉红色，密被银白色鳞片。花期5～6月，果期9月。

中国儿童植物百科全书

★ 沙枣的产地

　　沙枣主要分布在我国西北各省以及内蒙古西部，少量分布在华北北部、东北西部，一般天然野生的沙枣主要分布在新疆塔里木河、玛纳斯河，甘肃疏勒河，内蒙古额济纳河岸。人工沙枣主要产地是新疆、甘肃、青海、宁夏、陕西和内蒙古等省区。

★ 生长习性

　　沙枣是喜光植物，耐寒性强，耐干旱、耐水湿、耐盐碱（在耐盐性方面主要能耐硫酸盐，而对氯化物盐土抗性较差）、耐瘠薄、耐风沙，能在荒漠、半沙漠和草原上生长。根系发达，以水平根系为主，根上具有根瘤菌，喜疏松的土壤，生长迅速。

★ 园林价值

　　沙枣树的根蘖性强，适应性强，繁殖容易，能保持水土，抗风沙，有改良土壤的作用，通常生长在干旱、半干旱、半荒漠、荒漠地区，为沙漠里的"宝树"，是我国北方重要的防风固沙树种。

★ 食用价值

沙枣树的果实可食用。一般干果直接食用，也可把果实碾碎制成沙枣面，做成食醋、酱油等，还可以加工制作沙枣饮料、果酱、果酒、糕点等食品。

★ 花的价值

沙枣树的花5～6月开放，花朵芳香，可提取芳香油，作调香原料，也用于化妆品、皂用香精中；沙枣花还可制造沙枣花露酒、生产沙枣花浸膏；沙枣花朵也是很好的蜜源。

★ 核的价值

沙枣的果核可制作门帘，即把沙枣核洗净、打孔、染色后串在线绳上制成门帘，古朴典雅，美观大方。沙枣核还可制作镶嵌画等工艺品，很别致，富有特色。

沙棘

　　沙棘是胡颓子科沙棘属落叶灌木。植株高度一般为1.5米。树叶为单叶近对生，叶形为狭披针形或矩圆状披针形。果实形状近似圆球形，直径在4～6厘米，颜色为橙黄色或橘红色。花期为4～5月，果期在9～10月。

★ 沙棘分布

　　沙棘原产地为新疆，主要分布在我国的西北地区、西南地区以及北部地区，包括新疆、西藏、内蒙古、宁夏、甘肃、辽宁、河北、青海、山西、陕西、四川、云南、贵州等19个省区，其中尤以内蒙古、青海、甘肃、河北、陕西、山西等6个省区的沙棘种植面积最为广泛。

★ 生长习性

　　沙棘喜欢光照，而且耐寒性和耐热性也很不错，同时耐风沙和干旱，对土壤的适应能力很强，只要不是过于黏重的土壤，它都能正常生长。它对于降水有一定的要求，年降水量需要到达400毫米。如果降水不足，但生长处有水源，或者比较湿润的话，也可以生长发育。

★ 营养价值

沙棘营养价值高，富含维生素、矿物质和氨基酸。这些营养成分能促进人体健康发育，增强免疫力，预防疾病发生。此外，它还含有丰富的不饱和脂肪酸，有助于降低血液中胆固醇水平并保持血管弹性。此外，沙棘还是一种天然抗氧化剂，可以抑制自由基对身体的伤害，保护心脏免受氧化损伤。

自然环境中的植物

★ 生态功用

沙棘优点很多，尤其适合在沙漠种植，因此一般每亩荒地只需栽种120～150棵，4～5年即可郁闭成林。并且沙棘的苗木较小，一般株高在30～50厘米，地径5～8毫米，栽种沙棘的劳动强度不大，一个普通劳力一天可以栽沙棘5～6亩。这对西北地区来讲，能够有效解决地广人少的问题，便于进行大规模种植，快速恢复植被。

★ 植物传说

沙棘在我国具有悠久的沙棘药用历史，传说成吉思汗率兵远征，当时的环境条件很差，他下令将伤病马匹抛在沙棘林中，再次路过此地时发现被遗弃的马匹没有死，从此，成吉思汗便视沙棘为"长生天"赐给的灵丹妙药，将其命名为"开胃健脾长寿果"和"圣果"。

生石花

生石花是番杏科生石花属多年生肉质草本植物。茎很短，球状叶色彩多变，叶表皮较硬，色彩多变，顶部具有深色树枝状凹陷纹路，或花纹斑点，称作"视窗"。植物顶部有一裂缝，裂缝中开花，花单生，雏菊状，花茎2～3厘米，花白或黄色，花期盛夏至中秋。

★ 生石花的分布

生石花原产于非洲南部及非洲西南地区，目前在我国的很多地区都有分布，常见的产地有福建、台湾、广东。世界各地都有种植生石花，但是它只是用来观赏的，比较有名的种植生石花的地区是南非。

★ 生长习性

生石花是一种不耐冻的植物，喜欢温暖的环境，一般要保持环境温度在10℃以上植株才能健康生长，喜欢充足的散射光照，但是不耐强光照射，植株在每年春季能够进入快速生长期，在夏季长得快，在秋季能够开花。

★ 观赏价值

生石花一般是很难开花的，要种植3～4年的时间才会开出花朵，多在下午开放，晚上闭合，第二天午后又开，单朵花可开3～7天。它开花时非常娇美，盆栽后适合摆放在书桌、窗台等地方观赏，非常的呆萌可爱。

★ 象征意义

生石花的象征意义通常有两种，其一象征坚强，这是因为生石花的形状很像石头，而且也非常坚硬，所以生石花的象征意义是坚韧。另外，生石花象征生命，因为生石花的原产地环境十分恶劣，但是生石花却依旧能够延续下来。

★ 高超的伪装术

生石花表面虽然没有刺的保护，但它可不是好欺负的。它的撒手锏是高超的伪装技术，由于长得像石头，又常常生长在岩石裂缝中，所以说它能成功地骗过很多食草性动物。因此繁衍至今，在沙漠中形成一道亮丽的风景线。

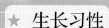

梭梭

　　梭梭是苋科梭梭属的灌木或小乔木。这种植物的主杆可以达到50厘米，树皮是灰白色的，木材虽然比较坚固，但是也比较脆弱。老枝干是灰褐色或者淡黄褐色的，一般都有一些裂痕。

★ 梭梭的分布

　　梭梭是一种久负盛名的西北地区沙漠植物。梭梭在我国主要分布在西北沙漠地区，如内蒙古西部、甘肃和新疆等地区，在轻度盐碱化的松软沙地上最为常见，在砾质戈壁、低湿的黏土地上也有。

★ 生长习性

　　梭梭比较喜欢强光照射，根系特别的发达，具有冬眠和夏眠的习性，一般在沙漠生长时，会迅速生长成一片；梭梭比较耐热，可耐住43℃的高温；梭梭的耐盐性也很好，在幼苗期间适合生长在含盐量在0.2%～0.3%的土壤中。

★ 生态价值

　　梭梭属于国家二级保护植物，由于它比较特别的习性，不仅有着极高的防风固沙的作用，对于土地沙化也有很不错的改善作用，也为维护生态平衡贡献了非常强大的力量。

★ 征服沙漠的先锋

　　盛夏的中午，烈日炎炎，无边无际的戈壁大沙漠被烤得滚烫，这时只有迎着热风顽强挺立的梭梭丛，才能给沙漠带来生命的活力。梭梭能在自然条件严酷的沙漠上生长繁殖，迅速蔓延成片，这与它具有适应沙漠干旱环境的本领是分不开的。

★ 发芽最快的种子

　　梭梭的种子，是世界上寿命最短的种子，它仅能活几小时。但是它的生命力很强，只要得到一点水，在两三小时内就会生根发芽。因此，才能适应沙漠干旱的严酷环境。

胡杨

　　胡杨是杨柳科杨属的落叶中型天然乔木。耐旱耐涝，生命顽强，是自然界稀有的树种之一。树干高大笔直，树皮呈银灰色，树冠呈倒卵形或伞形。叶片为扁平形，青色或灰绿色，秋天变成金黄色。花期在春季，小花颜色为灰绿色，生长在树枝顶端。

★ 胡杨的分布

　　在世界上，胡杨不连贯地散布在亚洲、欧洲、非洲等地沙漠地带。据统计，世界上的胡杨绝大部分生长在我国，分布在我国西北地区的新疆、内蒙古西部、青海、甘肃、宁夏等5个省区的沙漠戈壁地带。我国90%以上的胡杨在新疆，而新疆90%以上的胡杨又生长在南疆的塔克拉玛干大沙漠北缘。

★ 生长习性

　　胡杨是耐热的植物，能够忍耐45℃的高温。它多生长在沙漠中，不仅能抗热，还能耐干旱、盐碱和风沙等恶劣环境，对温度大幅度变化的适应能力也很强。

★ 生态价值

　　胡杨林是沙漠地区特有的珍贵森林资源，它的最大作用在于防风固沙，创造适宜的绿洲气候和形成肥沃的土壤，千百年来，胡杨毅然守护在边关大漠，守望着风沙。胡杨也被人们誉为"沙漠守护神"。

★ 沙漠卫士

胡杨是杨树家族中最古老的一员，目前世界上的胡杨资源越来越少，然而在我国新疆塔克拉玛干大沙漠边缘却生长着世界罕见的一片胡杨林。这里气候恶劣，常年干旱，降水稀少，被人称为是进去出不来的"死亡之海"。这里人迹罕至，鸟兽绝迹，没有其他的植物。但是，在这浩瀚的沙漠里，胡杨树高大挺拔，像一个个勇士傲然挺立，与干旱和风沙搏斗。

★ 发达的根

胡杨的根异常发达，尤其侧根，不仅长而且密集，它能扎入地下几十米深，吸收深处的地下水供自己生长。沙漠的地下水含盐量很高，但是胡杨的根也能将它吸取利用。更为奇特的是，它的根可以四处串生，从根上发出的芽又可以长成一棵新的小胡杨，小胡杨长大以后，又可以串生出新的小胡杨，就这样不断分生下去，形成一片根连着根、祖孙几代的大胡杨林。

★ 奇特的叶

它的叶子十分奇特，在不同的时期，有不同的大小和形状，在幼年时为长条形，这样可以减少水分的蒸发；到了成年之后，则变成三角形中卵圆形，能有效减少水分的蒸发。它的树干可以贮存不少水分，而且越干旱贮存的水分也就越多。

红柳

红柳又名多枝柽柳，是柽柳科柽柳属的灌木或小乔木状植物。老枝直立，褐红；幼枝稠密细弱，展开而略垂，红紫；嫩枝繁密，纤细悬垂，黄绿。老枝上长出新枝，新枝如穗，再生小穗，小穗互生，鲜嫩黄绿，如绿钻如圆卵，互相贴伏。新枝木质化，小穗变小枝，以此类推，幼树茁壮成长。

★ 红柳的分布

红柳广泛分布于世界各地，以欧洲、亚洲、北非的荒漠地区分布较为集中。在我国，主要分布于新疆、青海、宁夏、内蒙古等地的荒漠、半荒漠地区。

★ 生长习性

红柳喜温暖，耐寒，不耐热，生长适温15～25℃，最低能耐-20℃的低温。喜湿润，耐旱，耐水湿，在年降雨800毫米以上的地区均能正常生长。喜肥沃，极耐盐碱，以疏松、深厚、排水良好的壤土或砂质壤土为宜。喜阳光，耐半阴，光照充足时生长强健，长期在荫庇环境下生长不良。

★ 经济价值

红柳具有很高的经济价值，在我国西北地区，农家用纤长的红柳枝编制箩筐、漏斗、筛子等使用器件。红柳叶是很好的畜牧饲料，含有粗纤维和蛋白质，牲畜食用后耐饥、蓄膘。

★ 象征意义

红柳多生长在我国的沙漠地区，耐寒、耐旱、耐潮湿和抗修剪，寓意坚韧、高大、孤独、自我欣赏。它具有许多特性和优秀的品质，能日复一日、年复一年地坚守沙漠，常被用作艰苦奋斗、自力更生、务实创新的隐喻和象征。

★ 生态价值

红柳适合种在贫瘠的土地上，其适应能力比较强，就算是面对恶劣的环境也能够顽强地生长，所以我们经常可以看到盐碱地上面有红柳的身影。红柳还具有防沙固土的效果，在一些干旱、沙漠化严重的土地范围里广泛被种植，给沙漠增添些许色彩。

地榆

　　地榆是蔷薇科地榆属多年生草本植物，高30～120厘米。根粗壮，多呈纺锤形，稀圆柱形，表面棕褐色或紫褐色，有纵皱及横裂纹。茎直立，有棱，无毛或基部有稀疏腺毛。基生叶为羽状复叶；穗状花序密集顶生，成圆柱形或卵球形，直立；瘦果褐色。花期8～9月。

★ 地榆的分布

　　地榆分布在亚洲北温带，广布于欧洲以及我国，生长于海拔30～3000米的地区，常生于灌丛中、山坡草地、草原、草甸及疏林下，已由人工引种栽培。

★ 生长习性

　　地榆为喜光性植物，生长于向阳山坡、草地、灌丛等处，喜沙性土壤。地榆的生命力旺盛，对栽培条件要求不严格，其地下部耐寒，地上部又耐高温多雨，不择土壤，我国南北各地均能栽培。

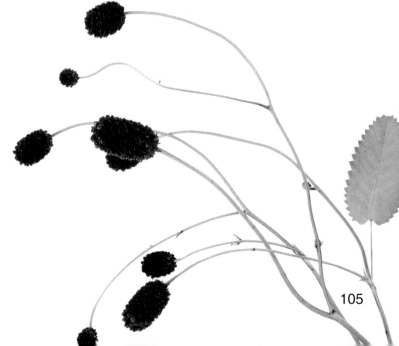

地榆

★ 食用价值

　　嫩苗、嫩茎叶、花均可食。一般春夏季采集地榆嫩苗、嫩茎叶或花穗，用沸水烫后换清水浸泡，去掉苦味，一般用于炒食、做汤和腌菜，也可做色拉，因其具有黄瓜清香，做汤时放几片地榆叶会更加鲜美，还可将其浸泡在啤酒或清凉饮料里增加风味。

★ 名字由来

　　地榆，意思大概是"靠近地面生长的榆树"，当然，地榆不是榆树，只是因为其叶片形态酷似榆树叶，才得了这么个名字。地榆的根非常粗壮，看起来很像是一个纺锤，紧紧地扎根在土地里。它入药的部位也是它的根。

甘草

甘草是豆科甘草属多年生草本植物。株高50～150厘米，根粗壮，圆柱形，多横走，味甜。外皮红棕色或暗棕色。茎直立，下部多木质化，全株被白色短柔毛。奇数羽状复叶互生；总状花序腋生，花萼钟状，花冠蝶形，紫红色或蓝紫色。花期6～8月，果期7～10月。

★ 甘草的分布

甘草在亚洲、欧洲、澳洲、美洲等地都有分布，在我国主要分布于新疆、内蒙古、宁夏、甘肃、山西等地，以野生为主，人工种植甘草主产于新疆、内蒙古、甘肃的河西走廊、陇西的周边及宁夏部分地区。

★ 生长习性

甘草喜光照充足、降雨量较少、夏季酷热、冬季严寒、昼夜温差大的生态环境，具有喜光、耐旱、耐热、耐盐碱和耐寒的特性。适宜生长在土层深厚、土质疏松、排水良好的砂质土壤中。

★ 经济价值

甘草经济价值高，甘草的干根含有芳香物质，碾碎后加工制成甘草膏，为水溶的胶状物，可以作为食品、饮料、烟草香精的原料，所含甘草次酸可作氢化可的松的代用品，也可用于化妆品。甘草茎的韧皮纤维可纺织麻袋，搓绳索；木质部与根部提取甘草膏后的残渣，可以用来造纸。

★ 甘草寓意

甘草外皮褐色，里面淡黄色，具甜味。又名"美草""蜜草""红甘草""粉甘草""甜草""灵通根"等。甘草能解百药之毒，国人寓意"解毒"。又因能调和百药，寓意"调和，调解"。

可食用植物

　　生活当中植物的种类多种多样，有些植物不仅可以用来观赏，也可以食用，生吃、炒菜或者泡茶都很好。接下来带大家一起了解一下，可食用植物这个庞大的家族。

粮食作物

粮食作物是作为主食食用的一类植物，北方人喜面食，南方人喜米饭，不同的地理环境孕育不同的植物，也给人们提供不同的食物，"稻、黍、稷、麦、菽"这五谷是自古就有的，也是人们常见的粮食作物。

水稻

水稻是禾本科稻属植物。水稻是世界一半以上人口的主食，是保障世界粮食安全的战略作物，也是我国最为古老的农作物之一。我国是水稻的原产地之一。我国南方地区农田多以水田为主，粮食作物以水稻为主。水稻成熟一般需要经过成熟期，包括乳熟期、蜡熟期、完熟期和枯熟期四个时期。

小麦

小麦是禾本科小麦属一年或越年生草本植物，有冬小麦和春小麦。冬小麦一般在秋后播种，春小麦主要在温带地区播种，当年播种，当年收获。我国是小麦原产地之一。古人以麦为食，主要是用麦粒做饭，不易消化。后来发明了磨面技术，把小麦碾成面粉。自从小麦碾成面粉后，做出来的食品花样越来越多。先是发明了做馒头，后来发展出包子、饺子、馄饨等。

玉米

玉米学名叫玉蜀黍，为禾本科玉蜀黍属一年生草本植物。玉米在我国种植广泛，用处极大。特别是近现代历史上，由于玉米种植方便，产量较高，是我国不可缺少的粮食作物。玉米种子既可在大田沃土中种植，也可在贫瘠窄小寸土上播撒。既可等籽熟粒满后磨面而食，也可"乘青半熟"，采嫩玉米鲜食。

燕麦

燕麦为禾本科燕麦属草本植物,《本草纲目》中称之为雀麦、野麦子。燕麦不易脱皮,所以被称为皮燕麦,是一种低糖、高营养、高能食品。燕麦耐寒,抗旱,对土壤的适应性很强,能自播繁衍。燕麦富含膳食纤维,能促进肠胃蠕动,热量低。

可食用植物

粟

粟是禾本科狗尾巴草属草本植物,又称谷子。谷粒去壳后称为小米。粟谷约占世界小米类作物产量的24%,其中90%栽培在我国,华北为主要产区。甲骨文"禾"即指粟。我国是世界上最早开始种植粟的国家之一,它曾是我国最重要的粮食作物之一。

青稞

青稞是禾本科大麦属的一种禾谷类作物,因其内外颖壳分离,籽粒裸露,故又称裸大麦、元麦、米大麦。主要产自我国西藏、青海、四川、云南等地,是藏族人民的主要粮食。青稞在青藏高原上种植的历史约有3500年。

油料作物

　　油脂可为人类提供能量，油料作物是人类获取油脂的重要来源之一。人们做饭时烹调用的油大部分是从花生、大豆、油菜、芝麻等油脂含量高的油料作物的果实或种子中提取的，它们是我们餐桌上必不可少的一分子。

◈ 核桃

　　核桃为胡桃科胡桃属植物，又称胡桃，我国除东北地区外各地均有分布，种仁可生食，也可榨油，木材是很好的硬木材料，具有极高的食用价值、药用价值和经济价值。

◈ 花生

　　花生是豆科落花生属一年生草本植物，是我国产量丰富、食用广泛的一种坚果，又名"长生果""落花生"。花生最早主要分布于南美洲，16～17世纪传入我国。花生油除食用之外，还可做中药。花生油是植物油中品质很高的食用油。

◈ 芝麻

　　芝麻是芝麻科芝麻属一年生草本植物，有学者认为最早出现于印度，汉时传入我国，现在已成为全球各地广泛种植的油料作物。芝麻株高可达1米，花期夏末秋初，花冠呈筒状，蒴果呈矩圆形，内含种子。芝麻种子含油率高，可供人食用和榨油，所榨油清香扑鼻，又被称为香油。

大豆

大豆是豆科大豆属的一年生草本植物，也是我国重要的粮食作物之一，已有5000年的栽培历史，现已知约有1000个栽培品种。大豆原产于我国，以东北地区最著名，现广泛栽培于世界各地。大豆中含有丰富的大豆异黄酮、大豆卵磷脂、水解大豆蛋白及维生素E。

油菜

油菜，又叫油白菜、苦菜，十字花科芸薹属植物，原产我国，主要分布在安徽、河南、四川等省。油菜一般生长在气候相对湿润的地方，譬如我国的南方。油菜有许多用处，比如油菜花在含苞未放的时候可以食用；油菜花盛开时也是一道亮丽的风景线；花朵凋谢后，油菜籽可以榨油。

向日葵

向日葵，别名向阳花，是菊科向日葵属草本植物，高1～3米。向日葵原产于北美洲，现世界各地均有栽培。向日葵的种子叫葵花籽，人们常常将它炒制作为零食。葵花籽也可以榨油，油渣还可以做饲料。油用向日葵是世界第二大油料作物，在我国的栽培面积仅次于大豆和油菜，是我国五大油料作物之一。

调料作物

在我们餐桌上出现的各种各样的美食，其中除了添加有油盐酱醋等调料，还有一群香味独特的调料作物，它们既有常见的葱姜蒜，也有花椒、八角、香叶、茴香等去腥提味的调料，那么让我们来认识这群可爱的植物吧！

葱

葱是石蒜科葱属多年生草本植物，对汗腺刺激作用较强。葱在我国各地广泛栽培，国外也有栽培；北方以栽培大葱为主，南方以栽培小香葱居多。葱常作为一种普遍的调味材料或蔬菜食用，在东方菜肴烹调中充当重要角色。

姜

姜是姜科姜属多年生草本植物。开有黄绿色花并有刺激性香味的根茎。主要分布于亚热带至温带地区。姜的根茎肥厚，多分枝，其中含有挥发油和姜辣素，具有辛辣味，是一种常用的调料。姜的茎、叶、根均可提取芳香油，用于食品、饮料及化妆品香料中。

蒜

蒜是石蒜科葱属多年生草本植物，会刺激胃黏膜，其下又分为硬叶蒜和软叶蒜，我国最常见的大蒜就属于硬叶蒜那一支。人工栽培，南北各地均有分布。大蒜中含有大蒜素以及丰富的矿物质和维生素，具有一定的营养价值，在烹调过程中可增加食物的风味，是家家户户必不可少的调味品之一。

中国儿童植物百科全书

花椒

花椒是芸香科花椒属落叶小乔木，多年生植物。别名川椒、蜀椒、点椒，我国除台湾、海南及广东不产，其余各省区均有分布。自唐代元和年间就被列为贡品，古称"贡椒"，史籍多有记载。以粒大、外表凸点多、色泽红润自然、无杂质、香气浓烈、干燥者为佳。汉朝以前，花椒是我国人最常用的辛辣香料。

八角

八角是五味子科八角属常绿乔木，又称大料、八角茴香，主要分布于我国广西。八角每年结果两次，果实经晒干或烘干后，可作为调味香料，八角的枝条和叶片中含挥发油，经处理后还可用于制造化妆品、甜香酒、啤酒等产品。

月桂

月桂是樟科月桂属乔木，最早出现于地中海地区，我国浙江、福建等地有栽培。在烹饪中用月桂叶调味，月桂叶干制后即为调料香叶。月桂叶香气浓郁，可以很好地去除肉腥味，法式、地中海和印度风味中少不了它的点缀。

糖料作物

　　小朋友们都喜爱吃甜甜的糖，那么这些甜甜的味道从哪里来呢？它们也来自植物，大自然中就有一群糖料作物，可以变出甜甜的糖来，正是它们，让我们的生活充满了甜味。

甘蔗

　　甘蔗是禾本科甘蔗属草本植物，其含糖量非常高，原产于我国，是热带和亚热带糖料作物。我们吃的糖，大部分是用甘蔗制造出来的。甘蔗的茎一般有2～6米高，茎里含有甜甜的甘蔗汁。人们对这些汁液进行提炼，蒸发掉水分，就得到白色结晶颗粒，就是糖。

甜菜

　　甜菜是藜科甜菜属草本植物，最早出现于欧洲，我国各地均有栽培，北部栽种较多，甜菜是全球最重要的糖料作物之一，在长期栽培下形成多个变种，我国常见的甜菜变种有紫菜头、糖萝卜、饲用甜菜和厚皮菜等。

甜高粱

甜高粱，也叫"二代甘蔗"。是禾本科高粱属一年生植物。原产印度和缅甸，现世界各大洲都有栽培。甜高粱的用途十分广泛，它不仅产粮食，也产糖、糖浆，还可以做酒、酒精和味精，纤维还可以造纸。

甜叶菊

甜叶菊是菊科甜叶菊属多年生草本植物。原产于南美巴拉圭和巴西交界的高山草地。自1977年以来在我国北京、河北、陕西、江苏、安徽、福建、湖南、云南等省均有引种栽培。叶含菊糖苷6% ~ 12%，精品为白色粉末状，是一种低热量、高甜度的天然甜味剂，是食品及药品工业的原料之一。

木糖醇

木糖醇是一种天然甜味剂，存在于草莓、菠菜等植物中，但含量较低，以玉米芯、甘蔗皮、棉籽皮等农副产品为原料，可用工业方法生产木糖醇。与蔗糖、果糖不同，人体代谢木糖醇不需要胰岛素，因此木糖醇食品适合糖尿病患者食用。

饮料中的植物

　　植物不仅能为人类提供粮食、油料、糖料，还能作为饮品丰富人们的日常生活。植物中有哪些可以做饮料的植物呢？可可树、咖啡树、茶树，它们是我们常见的可以作为饮料的植物，刺激我们的味蕾，让生活更加具有风味。

▶ 可可树

　　可可树是梧桐科可可属热带常绿乔木，原产于南美洲亚马孙河流域的热带森林中，主要分布在南美洲、非洲、东南亚等以赤道为中心南北纬20°以内的热带地区。可可树的种子可可豆可以制成可可粉，可可豆还可以作为主原料制成饮料和巧克力。

　　几千年前，美洲的玛雅人就开始培植可可树。他们将可可豆烘干后加水和辣椒，混合成一种苦味的饮料，该饮料后来流传到南美洲和墨西哥的阿兹特克帝国，阿兹特克人称其为"苦水"，并将其加工成专门供皇室饮用的热饮——巧克力。

中国儿童植物百科全书

咖啡树

　　咖啡树是茜草科咖啡属常绿灌木植物，产地在非洲热带至亚热带地区，现我国广东、云南等省亦有栽培。其果肉淡甜，可生食，种子可研制咖啡，咖啡有"黑色金子"的美称，制成饮料，醇香可口，略苦回甜。

茶树

　　茶树，是山茶科山茶属常绿灌木植物，在世界各地均有分布，在我国已有2000多年的栽培历史。世界各地的栽茶技艺、制茶技术、饮茶习惯等都源于我国。我国人民不但最早发现并利用了茶树，而且拥有世界上最多的茶叶品种。

茄果类蔬菜

蔬菜是指可以烹饪成为食品的一类植物或菌类，是人们日常饮食中必不可少的食物之一。茄果类蔬菜主要是以植物的果实为食用对象，茄果类蔬菜产量高、采收期长，一般集中在夏季出产。茄果类蔬菜包括茄子、辣椒、番茄等，是夏季常见的蔬菜之一。

茄子

茄子是茄科茄属草本至亚灌木植物，栽培的茄子起源于野生茄。早在《山海经》中就提到"茄子浦"，说明在我国的自然环境下，茄子的分布甚广。我国栽培茄子的历史非常悠久，并形成许多品种，其中也有从邻国传入的，如印度茄种约在5世纪前经西域传入我国内地。

辣椒

辣椒是茄科辣椒属的一年生草本植物，原产于南美洲的墨西哥、秘鲁等地，首先种植和食用它的是印第安人。辣椒在我国虽然只有400多年的历史，但是我国已经拥有了世界上最丰富的品种，如樱桃椒、圆锥椒、牛角椒、朝天椒和灯笼椒等。

番茄

番茄是茄科茄属的一年生草本植物，原产于南美洲，最早是南美洲的野生浆果，人们认为其颜色鲜艳具有剧毒，视它为"狐狸的果实"，只用来观赏。最初传入我国时也是作为观赏植物，到19世纪中后期，国人才开始吃番茄，并在上海等大城市开始大面积种植。

中国儿童植物百科全书

秋葵

秋葵是锦葵科秋葵属一年生草本植物，原产地印度，广泛栽培于热带和亚热带地区。我国湖南、湖北、广东等省栽培面积也极广。秋葵有蔬菜王之称，有极高的经济用途和食用价值。

黄瓜

黄瓜是葫芦科黄瓜属一年生攀缘草本植物，原名胡瓜，原产于印度，西汉张骞出使西域时把它引入我国。黄瓜营养丰富，享有"厨房中的美容剂"的美誉。

丝瓜

丝瓜是葫芦科丝瓜属一年生攀缘藤本植物，我国南、北各地普遍栽培。也广泛栽培于世界温带、热带地区。云南南部有野生，但果实较短小。丝瓜味甘性平，其络、籽、藤、花、叶均可入药。

冬瓜

冬瓜是葫芦科冬瓜属一年生蔓生或架生草本植物，是果蔬中唯一不含脂肪的蔬菜，含糖量极低，其所含的丙醇二酸可抑制糖类物质转化为脂肪。

苦瓜

苦瓜是葫芦科苦瓜属一年生攀缘状柔弱草本，原产于印度尼西亚，宋元时期传入我国，如今分布于我国各地。苦瓜味苦性寒，其含有的苦瓜素被誉为"脂肪杀手"。

南瓜

南瓜是葫芦科南瓜属一年生蔓生草本植物。因为其原产地在亚洲南部和中南美洲，自南而来称之为"南瓜"。南瓜，也被称为"金瓜"，有着软糯香软的口感，是餐桌上常见的食材之一。不管是直接蒸煮，还是炖汤、炒菜都很美味，老少皆宜。

西葫芦

西葫芦是葫芦科南瓜属一年生蔓生草本植物，原产于北美洲南部，我国于19世纪中叶开始从欧洲引入栽培，世界各地均有分布。西葫芦含有较多维生素C、葡萄糖等营养物质。

可食用植物

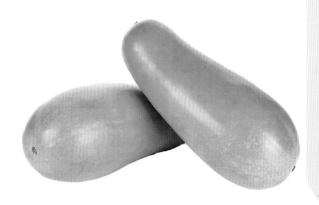

瓠瓜

瓠瓜是葫芦科葫芦属一年生攀缘草本植物，原产于非洲南部低地，主要分布在热带非洲、印度次大陆、东南亚等地，其在我国也有广泛的分布，以我国长江以南为主。果实嫩时柔软多汁，可作蔬菜。瓠瓜营养丰富，是夏季市民喜食的蔬菜。

佛手瓜

佛手瓜是葫芦科佛手瓜属多年生宿根草质藤本植物，因其形状像佛的手掌、五指并拢而得名。佛手瓜清脆多汁，味美可口，营养价值较高，既可做菜，又能当水果生吃。

叶菜类蔬菜

叶菜类蔬菜是以鲜嫩叶片及叶柄为食品的蔬菜，这类蔬菜一般多为一年生和二年生草本植物。叶菜类蔬菜的营养价值较高，含有丰富的维生素和矿物质，对人体健康有益。在日常饮食中，适量摄入叶菜类蔬菜可以帮助维持身体健康。

大白菜

大白菜是十字花科芸薹属二年生草本植物，有"菜中之王"之誉，具有丰富的营养价值，故有"百菜不如白菜"的说法。适量食用大白菜具有促进消化、补充营养等功效。

甘蓝

甘蓝是十字花科芸薹属二年生草本植物，原产于地中海，在16世纪中叶从南北两路传入我国，现我国各地均有栽培。甘蓝富含优质蛋白、纤维素、矿物质、维生素等，吃甘蓝可以补充营养，强身健体。

芥菜

芥菜是十字花科芸薹属一年生草本植物，在我国各地均有分布，是我国的特产蔬菜，欧美各国极少栽培。芥菜含有大量的维生素C，是活性很强的还原物质，参与机体重要的氧化还原过程，能增加大脑中氧含量，激发大脑对氧的利用。

菠菜

　　菠菜是苋科菠菜属一年或二年生草本植物。它的主根发达，味甜可食，但侧根不发达。据营养专家测算，100克菠菜就能满足人体24小时对维生素C的需要。食用菠菜对胃和胰腺的分泌功能有良好的促进作用。常吃菠菜，可预防维生素缺乏。

韭菜

　　韭菜，也称丰本、草钟乳、起阳草、懒人菜、长生韭、壮阳草、扁菜等，具特殊强烈气味，属石蒜科葱属草本植物，因它含有硫化物，吃来略有辣味，更有特殊芳香，可刺激食欲。

芫荽

　　芫荽又名香菜、盐荽、胡荽、香荽、延荽、盐须子等。为伞形科芫荽属一年生草本植物。最初名为胡荽，原产于中亚和南欧，或近东和地中海一带。它的嫩茎和鲜叶有种特殊的香味，常被用作菜肴的点缀、提味之品。

茼蒿

茼蒿为菊科茼蒿属一年或二年生草本植物，因茼蒿曾传入皇宫，故又叫"皇帝菜"。原产于地中海，在我国唐朝以前就普遍栽种，有较长的栽培历史。茼蒿中含有丰富的维生素及多种氨基酸，有特殊的香味。

苋菜

苋菜是苋科苋属一年生草本植物，原产于印度，被引入我国的时间最早可追溯至公元10世纪，现今分布于亚洲南部，中亚、东亚等地，我国各地均有栽培。苋菜见阳光花开，早、晚、阴天闭合，固有太阳花、午时花之名。

小白菜

小白菜为十字花科芸薹属一年生或二年生草本植物，小白菜中的纤维素能促进人体对动物蛋白质的吸收，经常食用可增加机体对感染的抵抗力。

芹菜

芹菜属伞形科芹属植物，是一种常见且营养丰富的蔬菜，它含有丰富的维生素、叶酸、钙、钾等营养成分，被誉为"营养宝库"。它不仅可以增强免疫力，还能促进消化。

空心菜

空心菜学名蕹菜，是旋花科番薯属一年生蔓生草本植物，原产于我国，现已作为一种蔬菜广泛栽培。空心菜以嫩梢嫩叶供食，营养价值高，而且清淡、鲜爽、滑利、不抢味，不管和什么菜同煮，都不夺其原味。

油麦菜

油麦菜是菊科莴苣属一年生草本植物，其含有大量维生素和钙、铁等微量元素，是生食蔬菜的上品，有"凤尾"之称。

127

根茎类蔬菜

根茎类蔬菜是指以根茎为主要食品的蔬菜，这类蔬菜的食用部分主要生长在土壤中，是蔬菜中的重要组成部分。根茎类蔬菜的营养价值较高，含有丰富的维生素和矿物质，对人体健康有益。因此，根茎类蔬菜是人们日常饮食中不可或缺的一部分。

▶ 萝卜

萝卜是十字花科萝卜属一年生或二年生草本植物，富含碳水化合物、维生素及磷、铁等无机盐。常吃萝卜可促进人体新陈代谢，是民间秋冬之时的家常蔬菜，且可制成多种菜品。

▶ 芋头

芋头属天南星科芋属多年生宿根性草本植物，是一种重要的蔬菜兼粮食作物，营养和药用价值高，是老少皆宜的营养品。因芋头易消化，尤其适于婴儿和病人食用，因而有"皇帝供品"的美称。

洋葱

洋葱是石蒜科葱属二年生草本植物，从古埃及时代就有洋葱的栽培，后由西班牙的殖民者传播至世界各地。洋葱中含有大蒜素，香气浓郁，切洋葱时会产生的刺激气味使人流泪。正是这种特殊的气味刺激胃酸分泌，增加食欲。动物实验也证明，洋葱可以增加胃肠道的张力，促进肠胃蠕动，从而起到开胃的作用。

马铃薯

马铃薯又叫土豆，是茄科茄属一年生草本植物，由于它营养丰富，口感又好，所以受到全世界人民的欢迎，各国菜肴中都能见到马铃薯的身影。马铃薯是我国的五大主食之一，在我国的种植历史虽然只有300多年，但是它的人工栽培最早可以追溯到公元前8000年至公元前5000年的秘鲁南部地区。

花椰菜

花椰菜是十字花科芸薹属植物野甘蓝的变种，肉质细嫩，味甘鲜美，食用后很容易消化吸收。花椰菜是含类黄酮最多的食物之一，富含蛋白质、脂肪、碳水化合物、食物纤维、多种维生素和钙、磷、铁等矿物质。

山药

山药是薯蓣科薯蓣属藤本植物，富含淀粉、蛋白质、膳食纤维，以及多种矿物质成分，男女老幼均可食用。

红薯

红薯是旋花科虎掌藤属多年生草质藤本植物，原名番薯，俗称地瓜，是一种生活中经常食用的农作物。红薯富含蛋白质、淀粉、果胶、纤维素、氨基酸、维生素以及多种矿物质，有"长寿食品"之美誉。

芦笋

芦笋是百合科天门冬属多年生草本植物，味甘、性寒，富含多种氨基酸、蛋白质和维生素，还含有微量元素硒，它和含硒量比较高的蘑菇，还有海鱼、海虾等可以媲美。

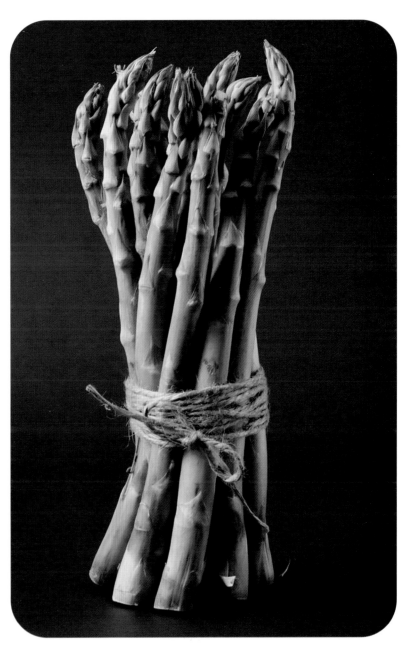

胡萝卜

胡萝卜是伞形科胡萝卜属一年生或二年生草本植物，原产于亚洲西部，12世纪经伊朗传入我国，现分布于全国各地。胡萝卜颜色鲜艳，脆嫩多汁，入口甘甜，被人们称为地下"小人参"。

牛蒡

牛蒡是菊科牛蒡属二年生草本植物。牛蒡食用前先剥去根的外表皮，煮软后的牛蒡清凉爽口，风味特殊，可清拌、肉炒，也可做烧鱼配料，是餐桌上的一个美味佳肴，长期食用有益健康。

莴笋

　　莴笋又称莴苣，是菊科莴苣属一二年生草本植物，主要食用肉质嫩茎，可生食、凉拌、炒食、干制或腌渍，嫩叶也可食用。茎、叶中含莴苣素，味苦。

葛

　　葛是豆科葛属多年生草质藤本植物，全身都是宝。其根、茎、叶、花均可入药；葛根既有药用价值，也可提制淀粉（葛根粉），是营养丰富的美食；葛的茎皮纤维可用来织布、造纸、制绳等，用处很广。

133

豆荚类蔬菜

豆荚类蔬菜包括豇豆、菜豆、毛豆、刀豆、扁豆、豌豆及蚕豆等。豆荚类蔬菜中蛋白质、糖类、钙、磷、铁等微量元素的含量十分丰富，是一类非常健康的蔬菜。

豌豆

豌豆是豆科豌豆属一年生攀缘草本植物，营养丰富，特别是维生素的含量较高，还含有较多的胡萝卜素及无机盐等营养成分。

蚕豆

蚕豆是豆科野豌豆属一二年生草本植物，含有钙、锌、锰、磷脂、胆石碱等调节大脑和神经组织的重要成分。蚕豆可制酱、酱油、粉丝等产品，可做饲料和蜜源植物种植。

扁豆

扁豆是豆科扁豆属多年生缠绕藤本植物。扁豆的主要成分是淀粉和蛋白质。富含的膳食纤维可以促进肠道蠕动，还富含维生素B_1、维生素B_2、维生素C等。扁豆味甘涩，性平，白花和白色种子可入药。

刀豆

刀豆是豆科刀豆属缠绕草本植物，嫩荚和种子供食用，但须先用盐水煮熟，然后换清水煮，方可食用。刀豆味甘，性温，该种亦可做绿肥，覆盖作物及饲料。

菜豆

菜豆是豆科菜豆属草本植物，原产于中南美洲，16世纪，西班牙人将菜豆传入我国。菜豆味甘、淡，性平，其鲜嫩荚可做蔬菜食用，还可脱水制罐头。

豇豆

豇豆是豆科豇豆属一年生缠绕、草质藤本或近直立草本植物，原产于印度和缅甸，汉代时传入我国。豇豆含有易于消化吸收的优质蛋白质、碳水化合物及多种维生素、微量元素等，是人体补充营养的良好食物。

浆果类水果

　　浆果类水果是由子房或联合其他花器发育而成的肉质果，外果皮薄，中果皮和内果皮肉质多浆，内有一枚或多枚种子。浆果类水果种类很多，如葡萄、猕猴桃、树莓、无花果、石榴、蓝莓、柿子等。

 **葡萄**

　　葡萄是葡萄科葡萄属高大缠绕藤本植物，皮薄而多汁，酸甜味美，营养丰富，有"晶明珠"之美称，被誉为世界四大水果（葡萄、苹果、柑橘、香蕉）之首。葡萄不但色美、气香、味可口，而且用途广泛，是果中佳品。既可鲜食又可酿制葡萄酒，果实、根、叶皆可入药。

猕猴桃

　　猕猴桃是猕猴桃科猕猴桃属多年生木本植物，营养丰富，美味可口。果实中含糖量13%左右，含酸量2%左右，而且还每100克果肉含维生素400毫克左右，比柑橘高近9倍。鲜果酸甜适度，清香爽口，称之为"超级水果"，名副其实。

草莓

草莓是蔷薇科草莓属多年生草本植物。草莓浆果芳香多汁，营养丰富，素有"水果皇后"的美称，又是果蔬中上市最早的鲜果，素有"早春第一果"的美称。草莓含有较高的维生素、钙、磷、铁等营养物质，且草莓中含有众多活性物质，具有一定的医疗价值。

无花果

无花果属桑科榕属，因花小，藏于花托内，又名隐花果。无花果原产于西亚，汉代传入我国，唐代由新疆传入中原，史籍称"阿驿"，维吾尔语称"安吉尔"。无花果含有较高的果糖、果酸、蛋白质、维生素等成分，是一种高营养、高药用、多利用的水果。

蓝莓

蓝莓是杜鹃花科越橘属的落叶灌木，不仅富含常规营养成分，而且还含有较为丰富的黄酮类和多糖类化合物，还富含花青素。在2017年国际粮农组织列为人类五大健康食品之一，被誉为"浆果之王"。

柿子

柿子是柿科柿属乔木植物。柿子营养价值很高，含有丰富的胡萝卜素、核黄素、维生素等微量元素。所含维生素和糖分比一般水果高1～2倍。

瓜果类水果

　　瓜果类水果是一种有坚硬外表皮保护的甜味水果，如哈密瓜、甜瓜、西瓜、香瓜、白兰瓜等。西瓜是夏季人们最爱的一种水果，果实硕大呈近球形或椭圆形。

▶ 西瓜

　　西瓜是葫芦科西瓜属一年生蔓生藤本植物，是人们清热解暑的佳品，物美价廉，深得民众喜爱。我国是世界上最大的西瓜产地，但西瓜并非源于我国。西瓜的原产地在非洲，它原是葫芦科的野生植物，后经人工培植成为食用西瓜。

▶ 哈密瓜

　　哈密瓜是葫芦科植物甜瓜的一个品种，原产于我国新疆哈密。哈密瓜是一种营养丰富的水果，含有大量的维生素C、B族维生素、抗氧化物质和矿物质，如钾、镁、钙等。这些营养成分对于维持人体健康和提高免疫力，有着非常重要的作用。

▶ 甜瓜

甜瓜是葫芦科黄瓜属植物，可以作为水果直接食用，也可以用来制作甜品、果汁、沙拉等多种美食。甜瓜香甜可口，含有大量的碳水化合物及营养物质。

▶ 羊角蜜

羊角蜜是葫芦科黄瓜属植物，果实长锥形，一端大，一端稍细而尖，细长如羊角，故名羊角蜜。羊角蜜的营养十分丰富，含有蛋白质、碳水化合物、胡萝卜素、B族维生素等多种营养成分。

▶ 黄金瓜

黄金瓜是葫芦科甜瓜属植物，又名十棱黄金瓜，学名为伊丽莎白厚皮甜瓜，被誉为"瓜果皇后"。黄金瓜含有多种人体所需的营养成分和有益物质，如大量的蔗糖、果糖、葡萄糖，丰富的维生素C、有机酸、氨基酸以及钙、磷、铁等矿物质，且具有特殊的诱人芳香，营养丰富，是我国人民普遍喜爱的果品之一。

▶ 木瓜

木瓜是蔷薇科木瓜属灌木，又名万寿果，是岭南四大名果之一，素有"岭南果王"的称号。其果鲜食，口感较好，营养丰富，未成熟的木瓜可糖渍，作蔬菜煲汤食用，或腌制成"咸酸木瓜"等。

柑橘类水果

柑橘类水果是水果分类中的一种，也是我国产量丰富的一类水果，深受国人喜爱，且认为具有"吉祥"之意。除了食用外，柑橘类水果还可以用于制作果汁、果酱等食品，具有丰富的营养价值。

柑橘

柑橘是芸香科柑橘属小乔木植物，含有维生素C、锌、硒等多种人体所需的微量元素，可为人体补充营养，且有一定的抗氧化功效但不可过量食用。

橙子

橙子是芸香科柑橘属植物，橙子主要分为甜橙、脐橙、血橙、冰糖橙、红橙几个品种。原产于我国东南部，目前世界各热带果区均有分布。橙子中含有多种维生素、纤维素、黄酮类物质，成熟的果实果皮呈红黄色，可入药。

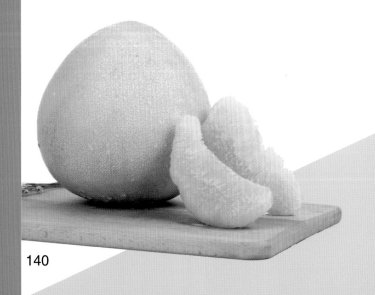

柚子

柚子为芸香科柑橘属乔木植物，柚肉中含有非常丰富的维生素C以及类胰岛素等成分，营养价值丰富。

葡萄柚

　　葡萄柚是芸香科柑橘属木本植物，营养丰富，是其他橘柚类所不及的，果实略有香气、味偏酸甜、风味独特，既可鲜食，也可制成罐头和果汁。葡萄柚不仅是很好的水果树种，也是不错的园林观赏树种，特别是庭院种植，既可收获果实，又能美化宅院。

柠檬

　　柠檬是芸香科柑橘属木本植物，味道比较酸，果肉汁水较多，香气浓郁，但是不太适合直接食用，一般用作调味料。柠檬中维生素C含量丰富，常食对身体有好处。

金桔

　　金桔是芸香科金橘属常绿灌木，果皮厚，质感平滑，带有清香味，呈金黄色。金桔果实含有丰富的维生素C，以甘草作调料，可制成凉果，另外，金桔树还具有上好的观赏价值，常被作为盆栽观赏。

仁果类水果

仁果类水果指那些果实内部形成有肉质"假核"，就像梨和苹果吃剩下的部分，并且其假核能将种子包裹在其内的一大类水果，常见的仁果类水果主要为苹果、梨、山楂等。

苹果

苹果是蔷薇科苹果属落叶乔木植物，果实表面光洁，色泽鲜艳，清香宜人，味甘甜，略带酸味。苹果的种类很多，有红香蕉苹果、红富士苹果、黄香蕉苹果等。苹果是世界上栽种最多、产量最高的水果之一。

梨

梨是蔷薇科梨属乔木植物，分布在华北、东北、西北及长江流域各省。梨果鲜美，肉脆多汁，酸甜可口，富含糖、蛋白质、脂肪、碳水化合物及多种维生素。梨除可供生食外，还可酿酒、制梨膏、梨脯以及药用。

山楂

山楂是蔷薇科山楂属落叶乔木植物，又被称为山里红，主要产区在河南、河北、山东、山西等省。山楂一般在每年的9月下旬就可以收获，是我国特有的一种水果。

山竹

山竹是藤黄科藤黄属植物，原产于马鲁古，在亚洲和非洲热带地区广泛栽培，是一种既美味又营养的水果，对人体有着很好的补养作用。

沙果

沙果，蔷薇科苹果属小乔木。沙果既可鲜食，又可加工成罐头、果酱等。沙果香气浓郁，风味独特，营养丰富，药用价值高。

枇杷

枇杷也叫金丸，是蔷薇科枇杷属的常绿乔木植物。枇杷的主要产区在我国的浙江、江苏、安徽、江西、湖南、广东等，一般是在每年的5～6月才成熟上市，枇杷中含有比较高的营养成分，一般枇杷的种类主要有白玉枇杷、红砂枇杷和白沙枇杷等。

核果类水果

　　核果类水果是指果实内有果核的水果，这类水果的特点是果核坚硬，里面长有果仁，如杏和桃就是典型的核果类水果。核果类水果广泛分布于世界各地，如我国、日本、美国等国家。

中国儿童植物百科全书

桃

　　桃为蔷薇科李属落叶小乔木植物，栽培起源很早，我国春秋时期的《诗经》中已有桃的记载，所以至少有上千年栽培史。著名品种有河北深州水蜜桃、山东肥城桃、上海水蜜桃及日本大久保等。桃为著名水果，可生食或制罐头、桃脯等。

李

　　李是蔷薇科李属多年生木本植物，李果实鲜美多汁，可以新鲜食用或用于制作果酱或果干等，李汁可发酵成李子酒。李富含花青素、维生素C等抗氧化成分。

櫻桃

　　櫻桃，薔薇科李屬的多年生木本植物，果實雖小，但色澤紅艷誘人，味道甘甜而微酸，既可鮮食，又可醃制或作為其他菜肴食品的點綴，備受人們的喜愛。

杏

　　杏是薔薇科李屬落葉喬木植物，是夏季常見的一種水果，果實成熟後是黃色或者是橘黃色的，吃起來口感酸度適中。杏營養極為豐富，內含較多的糖、蛋白質以及鈣、磷等礦物質，另含維生素A原、維生素C和B族維生素。

杨梅

杨梅是杨梅科杨梅属的常绿乔木植物，因其形态与水杨子相似，味道与梅子相似，所以得名杨梅。杨梅果实酸甜可口，色泽艳丽，富含维生素，营养价值极高，是我国的特产水果。

西梅

西梅又叫欧洲李，蔷薇科李属木本植物。在我国新疆等地均有栽培，每年9月份左右成熟上市。西梅味甜、营养丰富，大部分品种都稍有酸味，能用其酿酒、做果脯，还能做成果酱、果泥、果味饼干和布丁。

中国儿童植物百科全书

芒果

芒果学名杧果，是漆树科杧果属常绿大乔木植物，已有4000多年的栽培历史。印度是世界上最大的芒果生产地，芒果汁多味美，香甜可口，含有多种维生素，尤其是维生素A，营养价值高。除鲜食外，芒果可做成蜜饯、罐头、果酱、果醋、腌渍品，还可酿酒、制粉等。

乌梅

乌梅是蔷薇科杏属植物，原产于我国，每逢冬季梅花在寒风中怒放，到了初夏树上结满了青黄色的梅子，不仅可采来鲜食还可做成各种酸甜可口的梅干、梅酱、话梅、酸梅汤等。除此以外，果实烘焙后还是一味不错的药材。

▶ 枣

枣是鼠李科枣属落叶灌木或小乔木植物，原产于我国，在我国南北各地都有分布。枣维生素含量非常高，有"天然维生素丸"的美誉，其医药价值为中国研究最早、应用最广。

▶ 橄榄

橄榄又名青果，是橄榄科橄榄属乔木植物，因果实尚呈青绿色时即可供鲜食而得名。早在唐朝就被列为贡品。初食橄榄，只觉又苦又涩，而回味后却觉得清香、甘甜。果实可生食，也可制蜜饯，还可榨油。

中国儿童植物百科全书

荔枝

荔枝是无患子科荔枝属常绿乔木，原产于我国南部，是我国特有的珍果。以色、香、味、形皆美而驰名中外。荔枝的肉色洁白晶莹，肉质细嫩多汁，食之香甜清脆滑润，风味之美，确实名不虚传。

龙眼

龙眼是无患子科龙眼属常绿乔木，与荔枝、香蕉、菠萝同为华南四大珍果。龙眼原产于我国，已有2000多年种植历史。因其成熟在8月，故8月又称桂月，加上形状是圆的，所以又叫桂圆。

观赏植物

专门培植用来观赏的植物，一般具有美丽的花或奇异的形状，除了这些，它们还具有哪些特征呢？平时应该怎么养护它们呢？以下内容将会为你一一揭晓。

观叶植物

观叶植物，叶形或叶色美丽，有的叶形硕大，肥美可爱；有的叶形纤细，如一苗条美人，养一些在家里，既清新可爱，又浪漫美好。

龟背竹

龟背竹是天南星科龟背竹属多年生木质藤本攀缘性常绿灌木。别名蓬莱蕉、龟背蕉，生于林中，攀缘树上。茎绿色，粗壮，周延为环状，余光滑叶柄绿色；叶片大，轮廓心状卵形，厚革质，表面发亮，淡绿色，背面绿白色。花期8～9月，果于异年花期之后成熟。

★ 龟背竹的分布

我国福建、广东、云南栽培于露地，北京、湖北等地多栽于温室。原产于墨西哥，各热带地区多引种栽培以供观赏。龟背竹在欧美、日本常用于盆栽观赏，点缀客室和窗台，较为普遍。南美国家巴西、阿根廷和美洲中部的墨西哥除盆栽以外，常种在廊架或建筑物旁，让龟背竹蔓生于棚架或贴生于墙壁，成为极好的垂直绿化材料。

★ 生长习性

龟背竹喜温暖潮湿环境，切忌强光暴晒和干燥，耐阴，易生长于肥沃疏松、吸水量大、保水性好的微酸性壤土，以腐叶土或泥炭土最好。夏季需避开强烈的光照，但冬季应光照充足。最适宜生长的温度为15～20℃，气温超过30℃或低于5℃则生长停滞。

★ 观赏价值

龟背竹叶形奇特，孔裂纹状，极像龟背。茎节粗壮又似罗汉竹，深褐色气生根，纵横交叉，形如电线。其叶常年碧绿，节上有较大的新月形叶痕，生有索状肉质气生根，极为耐阴，是有名的室内大型盆栽观叶植物。

★ 食用价值

果实味美可食，但常具麻味。果实成熟后可用来做菜食，有甜味，香味像凤梨或香蕉。但要注意果实未成熟不能吃，因为有较强的刺激性。在原产地居民称这种果实为"神仙赐给的美果"。

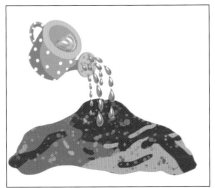

★ 净化空气

龟背竹有晚间吸收二氧化碳的功效，对改善室内空气质量，提高含氧量有很大帮助。具有优先吸附甲醛、苯等有害气体的特点，一棵龟背竹对甲醛的吸附量与10克椰维炭的吸附量相当，达到净化室内空气的效果，是一种理想的室内植物。

★ 养育技巧

龟背竹是"无肥不欢"的绿植，在它的生长季经常给它施点"大补肥"对它的生长是非常有帮助的。在给龟背竹翻盆的时候，如果家里有过期生虫的花生、核桃或者黄豆等东西，可以碾碎之后放到花盆底部作为底肥，会有非常明显的效果。

鹅掌柴

鹅掌柴是五加科鹅掌柴属常绿灌木。分枝多，枝条紧密。掌状复叶，小叶5～8枚，长卵圆形，革质，深绿色，有光泽。圆锥状花序，小花为白色，浆果为深红色。是热带、亚热带地区常绿阔叶林常见的植物。

★ 鹅掌柴的分布

鹅掌柴原产于大洋洲、我国广东、福建、以及南美洲等地的亚热带雨林，日本、越南、印度也有分布。现广泛种植于世界各地。

★ 生长习性

鹅掌柴喜湿怕干。在空气湿度大、土壤水分充足的情况下，茎叶生长茂盛。但水分太多，造成渍水，会引起烂根。如盆土缺水或长期时湿时干，会发生落叶现象。鹅掌柴对临时干旱和干燥空气有一定的适应能力。

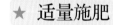

★ 适量施肥

鹅掌柴枝叶生长快，春、夏、秋都是生长旺季，要保持充足的养分来维持生长。鹅掌柴施肥可以多施加一些腐熟的有机肥料，像腐熟的豆饼、鸡粪、羊粪等。

★ 适量浇水

夏季气温高，要保证一定的浇水量，可每天浇水一次，保持土壤湿润，不待干透就应及时浇水。天气干燥时，还应向植株喷雾增湿，也可以进行叶面喷水，并注意增加环境湿度。春、秋季可一周浇水两次，冬季可适当控水。如水分供需失调，土壤太干或太湿，或者长期置于阴暗场地，易引起叶片脱落。

★ 避免曝晒

　　鹅掌柴是比较喜欢阳光的植物，如果养在过于阴暗的环境中，鹅掌柴的叶片会逐渐失去浓绿和光照，变得颜色淡黄，枝条还容易徒长，看起来乱糟糟的。春、秋、冬三季都可以给鹅掌柴全日照养花，将花盆放在采光最好的位置，多晒晒太阳，防止徒长，让叶片更加油亮。

★ 观赏价值

　　鹅掌柴常被作为盆栽绿植观赏。它的叶片呈长卵形，组合在一起好似鹅的脚蹼，因而得名。鹅掌柴的叶色四季青翠，观赏价值高，而且还能吸附空气中的甲醛、尼古丁、二氧化碳等有害物质，起到净化空气的作用，有益于人体健康。

发财树

　　发财树是木棉科瓜栗属常绿乔木，又名马拉巴栗、瓜栗、中美木棉、鹅掌钱。树高一般9~18米，叶片呈长圆形或倒卵圆形，长度在12~15厘米，宽6厘米左右，花朵颜色多为白色、红色。

★ 发财树的分布

　　发财树原产于拉丁美洲的哥斯达黎加、澳大利亚及太平洋中的一些小岛屿，我国南部热带地区亦有分布。近几年经栽培选育，已广泛进入我国城乡家庭。

★ 生长习性

　　发财树喜高温高湿气候，耐寒力差，幼苗忌霜冻，成年树可耐轻霜及长期5~6℃低温，我国华南地区可露地越冬，北方地区冬季须移入温室内防寒，喜肥沃疏松、透气保水的沙壤土，喜酸性土，忌碱性土或黏重土壤，较耐水湿，也稍耐旱。

★ 水量适度

浇水是发财树养护管理过程中的重要环节。水量少，枝叶生长缓慢；水量过大，可能招致烂根死亡；水量适度，枝叶肥大。浇水应坚持宁湿勿干，其次是"两多两少"的原则，即夏季高温季节浇水要多，冬季浇水要少；生长旺盛的大中型植株浇水要多，新分栽入盆的小型植株浇水要少。

★ 修剪方法

发财树进行修剪，最佳的时间该选在5月的上旬至中旬，但是根据地区气候的不同会有所区别。首要任务就是剪掉徒长枝条，只留下基部3~4个芽眼，其余的上面的枝条都要去除。长势衰弱的枝条也要去除。还需要减少顶端优势，去掉顶梢。

★ 观赏价值

发财树是观叶植物，叶子宽大翠绿，美观大方，具有极高的观赏价值，可以用于家庭、商场、酒店、办公室等室内绿化装饰。发财树还能净化空气，吸收甲醛等有害气体，另外发财树的蒸腾作用很强，繁密的叶子还能有效增加室内空气湿度。

★ 注意事项

虽然发财树可以净化空气，但是晚上的时候不要将发财树放在卧室内，因为在夜间发财树是吸收氧气释放二氧化碳，所以最好不要摆放在卧室内，养在客厅比较好。

苏铁

苏铁是苏铁科苏铁属植物，又称铁树，主干不分枝，顶生大型羽状复叶；雌雄异株，在栽植一定时间后，即可开花，长出大孢子叶球和小孢子叶球。一说是因其木质密度大，入水即沉，沉重如铁而得名；另一说因其生长需要大量铁元素，故而名之。

中国儿童植物百科全书

★ 苏铁的分布

在福建、广东、广西、江西、云南、贵州及四川东部等地多栽植于庭园，江苏、浙江及华北各省区多栽于盆中，冬季置于温室越冬。日本南部、菲律宾和印度尼西亚也有分布。

★ 生长习性

苏铁喜暖热湿润的环境，不耐寒冷，生长甚慢，寿命约200年。在我国南方热带及亚热带南部树龄10年以上的树木几乎每年开花结实，而长江流域及北方各地栽培的苏铁常终生不开花，或偶尔开花结实。

★ 观赏价值

苏铁为著名的观赏树种，其寿命长且外形优美大方，具有古雅的树形，粗壮的主干，坚硬如铁，展现出一种韧性而强大的生命力。此外，苏铁的羽叶洁滑而光亮，四季常青，用于美化环境有较好的效果。我国南方地区多将其栽植于庭前阶旁或是草坪内，北方则适合用作大型盆栽，用以布置装饰庭院屋廊和厅室，极为美观。

★ 适量施肥

苏铁是一种十分喜肥的植物，不过千万不要给它施生肥或浓肥。在春天时，可以每一个星期给它施一次充分腐熟的饼肥水。施肥时需要先将饼肥捻碎，加入水，使它变成糊状再用水继续稀释，最后浇到盆土上。

★ 修剪方法

苏铁隔年的老叶子要剪除，出现的病叶、黄叶、弱小枝叶也一并去除掉。除了枯黄叶子剪掉摘除，还需对过长过密的枝叶进行疏剪，具体要根据树形来决定。铁树养一两年会换盆一次，可以对铁树的根部适当修剪，将烂掉的根部及时去除，过长过密的根系也剪掉一部分。

富贵竹

富贵竹，是天门冬科龙血树属常绿亚灌木，主要作盆栽观赏植物，观赏价值高，并象征着"大吉大利"，名字也是因此而出的。

★ 富贵竹的分布

富贵竹原产于热带西非喀麦隆，是我国的外来植物种类。富贵竹在我国的分布范围很广，见于广东、广西、福建、台湾、安徽、湖北、湖南、陕西、四川、云南、贵州、西藏等省区。

★ 生长习性

富贵竹性喜阴湿高温、耐涝、耐肥力强、抗寒力强，适宜生长于排水良好的砂质土或半泥沙及冲积层黏土中。温度在18～24℃，一年四季均可生长，低于13℃则植株休眠，停止生长。温度太低时，因根系吸水不足，叶尖和叶缘会出现黄褐色的斑块。越冬最低温度要在10℃以上。

★ 观赏价值

富贵竹具有细长潇洒的叶子，翠绿的叶色，其茎节表现出貌似竹节的特征，却不是真正的竹。我国有"花开富贵，竹报平安"的祝词，由于富贵竹茎叶纤秀，柔美优雅，极富竹韵，故而很得人们喜爱。

★ 水培植物

富贵竹可以水培也可以土培，现代盆栽多选择水培。在水培养殖时，要注意换水，自来水要放置24小时后使用，以免水中的氯气影响富贵竹根部生长。夏季一周一次，并清洗瓶壁，其他季节半月一次，水分减少及时加水。

★ 放置位置

富贵竹应放在室内明亮通风的地方，客厅、书房、卧室窗台等都是很好的选择，不要让它接受阳光直射。富贵竹要尽量远离空调口和风扇风口，经常吹风，会降低富贵竹周围的环境湿度，让富贵竹干尖黄叶。

★ 施肥方法

富贵竹喜肥，但不耐生肥，应选用腐熟的有机肥或营养液。富贵竹不是蔬菜，即使不施肥，它也可以生长得很好。施肥的间隔时间可长可短，2～3月施肥一次即可。在此期间，可以根据富贵竹的生长情况，适当的增加施肥。

虎尾兰

虎尾兰，是天门冬科虎尾兰属的多年生草本观叶植物。具根状茎，叶基生，肉质线状披针形，硬革质，直立，基部稍呈沟状；暗绿色，两面有浅绿色和深绿相间的横向斑带；总状花序，花白色至淡绿色；浆果直径7~8毫米。花期11~12月。

★ 虎尾兰的分布

虎尾兰分布在非洲及亚洲的热带、亚热带地区，原产于温暖的北非、埃塞俄比亚及其附近地区，为沙漠植物，能忍耐恶劣的长久干旱的条件。

★ 生长习性

虎尾兰适应性强，性喜温暖湿润，耐干旱，喜光又耐阴。对土壤要求不严，以排水性较好的砂质壤土较好。其生长适温为20~30℃，越冬温度为10℃。

★ 浇水方法

虎尾兰喜湿润偏干的土壤，较耐旱。春季是新生叶的生长季节，根茎部会有新芽生长，对水分要求稍高，可保持盆土湿润。叶片长出以后以盆土湿润偏干为好，即表土干透后浇水。冬季气温较低时，保持盆土的干而不燥，冬天浇水宜贴盆沿浇，以免水浇入叶簇内引起腐烂。

★ 施肥方法

虎尾兰对肥料要求不高。春季新叶长出后需追施腐熟的液肥，或者选用1000倍的稀释通用肥1~2次，10~15天施肥一次。施肥时注意，应选用细嘴喷壶沿盆口慢浇，不要将液肥浇灌到叶簇内，否则会引起叶片腐烂影响生长。

★ 换盆修剪

虎尾兰相对于其他家庭绿植而言生长速度较快，当长满盆时，可将老叶或生长过密的枝叶剪掉，保证阳光和生长空间充足。另外每两年换一次盆，换盆时更换一半的新土，并修剪老叶。

★ 观赏价值

虎尾兰叶坚挺，色彩明快，富有生气，适于居室种植。近年来短叶品种似乎更受大家的喜爱，不受环境、空间大小的限制可随意摆放观赏，长叶品种似乎更适合在会场、厅堂布置。虽不像鲜花般美丽，但却能给人坚韧的感觉。

绿萝

绿萝，属天南星科麒麟叶属常绿藤本植物，生长于热带地区，常生长在雨林的岩石和树干上，其缠绕性强，气根发达，可以水培种植。

★ 绿萝的分布

绿萝原产于中美、南美的热带雨林地区。在中国的上海、江苏、福建、台湾、广东、广西等省区均有人工园林居室养植。

★ 生长习性

绿萝是阴性植物，喜散射光，较耐阴。它遇水即活，因顽强的生命力，被称为"生命之花"。蔓延下来的绿色枝叶，非常容易满足。室内养植时，不管是盆栽或是折几枝茎秆水培，都可以良好的生长。

★ 观赏价值

绿萝是非常优良的室内装饰植物之一。萝茎细软，叶片娇秀。在家具的柜顶上高置套盆，任其蔓茎从容下垂，或在蔓茎垂吊过长后圈吊成圆环，宛如翠色浮雕。这样既充分利用了空间，净化了空气，又为呆板的柜面增加了线条活泼、色彩明快的绿饰，极富生机，给居室平添融融情趣。

★ 环保价值

绿萝不但生命力顽强，而且在室内摆放，其净化空气的能力不亚于常春藤和吊兰。一盆绿萝在8~10平方米的房间内就相当于一个空气净化器，能有效吸收空气中甲醛、苯和三氯乙烯等有害气体。新铺的地板非常容易产生有害物质，因此绿萝非常适合摆放在新装修好的居室中。

★ 浇水方法

春秋季节属于植株的生长旺季，正常情况下，春秋季每星期浇水1~2次。夏季高温水分蒸发较快，除了及时浇水之外，还需要经常对植株进行喷水，夏季2~3天就需要浇水一次。冬季的温度较低，为了便于植株顺利越冬，这个时间我们需要减少其浇水量，并延长浇水频率，10天浇水一次即可。

★ 施肥方法

水培或者土培的绿萝都可以用液肥，同时还需用叶面肥。肥料都需稀释后施加，液肥直接洒入水中或者土表，叶面肥则需喷洒在叶子的表面；施肥频率需要根据季节调节，春季10天左右一次，夏季半月左右一次，秋季只需要施肥一次。休眠期不能施肥。

吊兰

　　吊兰是天门冬科吊兰属多年生常绿草本植物。根状茎平生或斜生，有多数肥厚的根。叶丛生，线形，叶细长，似兰花。花白色，常2～4朵簇生，排成疏散的总状花序或圆锥花序，偶然内部会出现紫色花瓣。蒴果三棱状扁球形。花期5月，果期8月。

★ 吊兰的分布

　　吊兰原产非洲南部，现在世界上分布极广。吊兰是一种全世界范围内都广泛种植的绿化植物，它的产地多到数不清，繁殖方法也简单，自己在家都可以繁殖。

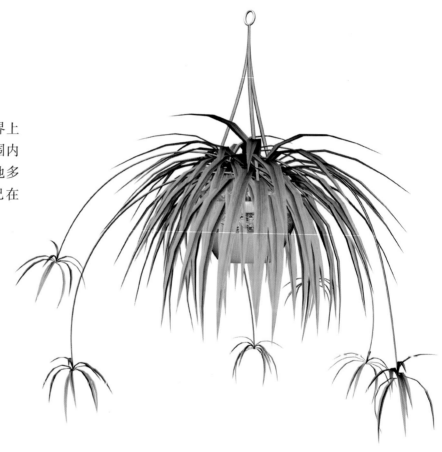

★ 生长习性

　　吊兰性喜温暖湿润、半阴的环境。它适应性强，较耐旱，不甚耐寒。不择土壤，在排水良好、疏松肥沃的砂质土壤中生长较佳。对光线的要求不严，一般适宜在中等光线条件下生长，亦耐弱光。温度为20～24℃时生长最快，也易抽生匍匐枝。30℃以上停止生长，叶片常常发黄干尖。

★ 浇水方法

　　吊兰喜欢湿润环境，盆土宜经常保持潮湿。夏季浇水要充足，中午前后及傍晚还应往枝叶上喷水，及时清洗叶片上的灰尘，以防叶干枯。吊兰的肉质根能贮存大量水分，故有较强的抗旱能力，数日不浇水也不会干死。冬季5℃以下时，少浇水，盆土不要过湿，否则叶片容易发黄。

★ 施肥方法

　　吊兰是较耐肥的观叶植物，若肥水不足，容易叶片发黄，失去观赏价值。从春末到秋初，可每7~10天施一次有机肥液。可适当施用骨粉、蛋壳等沤制的有机肥，待充分发酵后，取适量稀释液，每10~15天浇施一次，可使花叶艳丽明亮。

★ 观赏价值

　　吊兰养殖容易，适应性强，是最为传统的居室垂挂植物之一。它叶片细长柔软，从叶腋中抽生出小植株，由盆沿向下垂，舒展散垂似花朵，四季常绿。

★ 净化环境

　　吊兰能在微弱的光线下进行光合作用，可吸收室内80%以上的有害气体，吸收甲醛的能力超强。一般房间养1~2盆吊兰，其对甲醛的吸附量相当于10克椰维炭的吸附量，能将空气中有毒气体吸收殆尽，一盆吊兰在8~10平方米的房间内，就相当于一个空气净化器。

观花植物

春天开花的有水仙、迎春、杜鹃花、牡丹、月季、君子兰等；夏、秋季开花的有扶桑、昙花、荷花、菊花、桂花等；冬季开花的有梅花、长寿花等，各色艳丽的花朵将我们的生活装扮得多姿多彩，美不胜收。

✿ 红掌

红掌又叫花烛、安祖花、火鹤花、红鹅掌，是天南星科花烛属多年生常绿草本植物。茎节短，叶自基部生出，绿色，革质，全缘，长圆状心形或卵心形。叶柄细长，佛焰苞平出，卵心形，革质并有蜡质光泽，橙红色或猩红色，肉穗花序长5～7厘米，黄色，可常年开花不断。

★ 红掌的分布

红掌原产于南美洲热带雨林潮湿、半阴的沟谷地带，现广泛种植于欧洲、亚洲和非洲。在我国主要分布在华东、华南、西南等地。

★ 生长习性

红掌性喜温热多湿而又排水良好半阴的环境，怕干旱和强光暴晒，适宜生长昼温为26～32℃，夜温为21～32℃。所能忍受的最高温为35℃，低温为14℃。

★ 浇水方法

需要根据植株的生长状态进行浇水，在红掌的幼苗期间，需要每天早晚向植株的叶片上喷洒一次水分，保持植株的湿度；在红掌的旺盛生长期，需要每隔三天浇一次水，使土壤完全湿润；在红掌开花阶段，需要控制浇水频次。

★ 施肥方法

可以在春秋季每隔7天给植株施肥一次，在夏季每隔3～4天为其施稀释后的肥料，在冬季每隔10天或者半个月给红掌施肥一次，施肥时，最好使用均衡型的复合肥料，使红掌生长得更加旺盛。

★ 充足光照

在家庭栽培红掌时，需要给植株提供充足的光照，可以将红掌放在阳台上，让植株吸收充足的阳光，不仅能使红掌生长得更加健壮，还能避免植株因长期不接触阳光，导致生长不良或者枯萎。

★ 观赏价值

红掌观赏价值极高，花朵独特，色泽鲜艳华丽，花期较长，每朵花颜色多变，从绽放到枯萎先后变为米黄、乳白、绿色、黄色。

君子兰

君子兰，也称剑叶石蒜、大叶石蒜，是石蒜科君子兰属的观赏花卉。原产于非洲南部。是多年生草本植物，花期长达30～50天，以冬春为主，元旦至春节前后也开花。

★ 名字由来

1854年，君子兰传到了日本，日本一位名叫大久保三郎的学者以这种兰花美而不艳、卓尔不群的特色，给它取名为"君子兰"。君子兰传入我国有两种途径，一是德国传教士由欧洲带来，另一是日本人运至长春，时间都在20世纪初。因此我国栽种君子兰的历史只有100年左右。

★ 生长习性

君子兰忌强光，为半阴性植物，喜凉爽，忌高温。生长适温为18～28℃，低于5℃则停止生长。喜肥厚、排水性良好的土壤和湿润的土壤，忌干燥环境。

★ 浇水方法

给君子兰浇水有两种方法。第一种方法是按季节浇，春季可以每天浇一次，夏季除了浇水外还要适当喷水，增加空气湿度，秋季气温降低，可以隔一天浇一次，冬季则要一周一浇。第二种方法是按照土壤的干湿程度浇水，定期检查土壤，在半干的时候就可以浇水了，水量不要太大，应确保其微润但不潮湿。

★ 观赏价值

君子兰能够满足人们美化居室、陶冶情操、净化空气等多方面的需要，使居室尽现雍容华贵的气派，为丰富和调剂人们的生活增添光彩和魅力。君子兰耐阴，宜盆栽于室内摆设，为观叶赏花，也是布置会场、装饰宾馆环境的理想盆花。

★ 环保价值

君子兰植株，特别是宽大肥厚的叶片，有很多的气孔和绒毛，能分泌出大量的黏液，经过空气流通，能吸收大量的粉尘、灰尘和有害气体，对室内空气起到过滤的作用，减少室内空间的含尘量，使空气洁净。因而君子兰被人们誉为理想的"吸收机"和"除尘器"。

观赏植物

美人蕉

美人蕉是美人蕉科美人蕉属多年生草本植物。美人蕉植株整体都是绿色，高达1.5米左右，叶片呈卵状长圆形，长10~30厘米，宽达10厘米。美人蕉的花比较稀疏，总状花序，高于叶片之上，花是红色，单生。花、果期3~12月。

★ 美人蕉的分布

美人蕉原产美洲、印度、马来半岛等热带地区，分布于印度以及我国大陆的南北各地，生长于海拔800米的地区，目前已由人工引种栽培，全国各地均可栽培。

★ 生长习性

美人蕉喜温暖湿润气候，不耐霜冻，生长适温25~30℃，喜阳光充足土地肥沃，在原产地无休眠性，周年生长开花；性强健，适应性强，几乎不择土壤，以湿润肥沃的疏松沙壤土为好，稍耐水湿，畏强风。

★ 观赏价值

美人蕉花大色艳、色彩丰富，株形好，栽培容易。且现在培育出许多优良品种，观赏价值很高，可盆栽，也可地栽，装饰花坛。

★ 净化环境

美人蕉，不仅能美化人们的生活，而且能吸收二氧化硫、氯化氢，以及二氧化碳等有害物质，抗性较好，叶片虽易受害，但在受害后又重新长出新叶，很快恢复生长。由于它的叶片易受害，反应敏感，所以被人们称为活体监测器。同时，美人蕉还具有净化空气、保护环境的作用。

★ 浇水方法

浇水应该掌握"不干不浇，浇则浇透"的原则。夏天除向盆内浇水外，还需向叶面喷水，保持叶面湿润，对生长有利。美人蕉喜欢温暖，在冬天，应该少浇水防止水温低而引起的叶子发黄，生长不良，甚至死亡的情况。

★ 施肥方法

除了在种植之前施足基肥之外，在生长旺盛的季节，需要追施3～4次稀薄的肥料。分栽之后，要浇透水，当它长至5～6片叶子时，需要每隔半个月施一次液肥，可以用腐熟的稀薄豆饼水并加入适量的硫酸亚铁做液肥，也可以用浓度偏淡一些的复合化肥溶液。

鸡冠花

鸡冠花，为苋科青葙属一年生草本植物，高30～80厘米。全株无毛，粗壮。分枝少，近上部扁平，绿色或带红色，有棱纹凸起。鸡冠花茎直立粗壮，叶互生，花聚生于顶部，形似鸡冠，扁平而厚软，多为红色。

★ 生长习性

喜欢炎热干燥的气候，怕潮湿，在阳光和肥沃的砂质土壤中生长良好，避免黏性土壤，在瘦弱不透气的土壤中生长不良，花序变小，可以自播繁殖。春季3～4月露天播种，播种前用高脂膜混合栽培（提高发芽率），播种后不得复盖土壤，复盖草后浇水，保持土壤湿润。

★ 观赏价值

鸡冠花因其外形酷似鸡冠而得名，享有"花中之禽"的美誉，是园林中著名露地草本花卉之一。它的品种比较多，植株有高、中、矮三种类型，颜色方面也很丰富，它的观赏价值是极高的。除此之外，装饰价值也极高，可制成干花，经久不凋，还可以用来净化空气，起到美化、绿化多重功效。

★ 食用价值

作为一种美食，鸡冠花则营养全面、风味独特，堪称食苑中的一朵奇葩。形形色色的鸡冠花美食，如花玉鸡、红油鸡冠花、鸡冠花蒸肉、鸡冠花豆糕、鸡冠花籽糍粑等，各具特色，又都鲜美可口，令人回味。

★ 浇水方法

　　鸡冠花喜欢空气干燥，避免湿气，但枝粗叶茂，生长期消耗大量水分，炎热的夏天必须充分浇水。同时，如果连续下雨，为了防止水分过多，盆栽花要搬到室内，地栽花要注意排水。浇水要适度，否则，根容易腐烂。

★ 种植方法

　　鸡冠花适应能力强，一般在农村屋前屋后都可以种植，落地就可以生长。盆栽的话可选择园土或者庭院土，加入一些底肥一起混合就可以了。鸡冠花一般在春季进行播种繁殖，4~5月份的温湿度比较适合种子的萌发，播种后一般10天左右就可以发芽了。

凤仙花

凤仙花是凤仙花科凤仙花属一年生草本花卉，全株分根、茎、叶子、花、果实和种子六个部分。因其花头、翅、尾、足俱翘然如凤状，故又名金凤花。花颜色多样，有粉红、大红、紫色、粉紫等多种颜色，花瓣或者叶子捣碎，用树叶包在指甲上，能染上鲜艳的红色，非常漂亮，很受女孩子的喜爱。

★ 凤仙花的分布

凤仙花原产我国、印度。我国各地庭园广泛栽培，为常见的观赏花卉。

★ 生长习性

凤仙花喜欢温暖的阳光照射，不耐严寒，怕湿怕涝，在疏松肥沃的微酸土壤生长良好，但在瘠薄的土壤中也能生长，适应性较强。凤仙花在发育期间，要注意浇水，保证凤仙花盆土的湿润，尤其是在夏天，要多灌水。不然它无法忍受高温环境，容易出现黄叶。

★ 观赏价值

我国各地庭园广泛栽培，为常见的观赏花卉。凤仙花如鹤顶、似彩凤，姿态优美，妩媚悦人。香艳的红色凤仙和娇嫩的碧色凤仙都是早晨开放，因此，需要注意观赏时间，不要错过。凤仙花因其花色、品种极为丰富，是美化花坛、花境的常用材料，可丛植、群植和盆栽，也可作切花水养。

★ 种植方法

　　风仙花种植最好选在4月份前后，气候更适宜，利于出苗和小苗生长。播种前要浸泡种子，浸泡2天之后再种。还要先浇水湿透苗床，然后撒上种子，盖上土壤就行。后期要注意不能着急晒太阳，还要控温，温度适宜的话大概10天左右就能出苗，小苗长出两三片叶子就能移栽。

★ 浇水方法

　　风仙花不需要每天浇水，播种期不宜浇水，播种前将盆土浇透，保持湿润。生长期要保持多浇水，盆土湿润但忌盆土积水，浇水间隔4～6天为宜。花期可适当增大浇水施肥频率，间隔3天为宜，浇水的水量不宜过多，要避免盆土积水。

迎春花

迎春花是木樨科素馨属落叶灌木丛生植物。株高30~100厘米。小枝细长直立或拱形下垂，呈纷披状。小叶复叶交互对生，叶卵形至矩圆形。花单生在去年生的枝条上，先于叶开放，有清香，金黄色，外染红晕，花期2~4月。因其在百花之中开花最早，花后即迎来百花齐放的春天而得名。

★ 迎春花的分布

迎春花原产我国华南和西南的亚热带地区，南北方栽培极为普遍，主要分布在辽宁、陕西、山东等省。我国中部和北部各省也有分布。

★ 生长习性

迎春花喜光，稍耐阴，略耐寒，耐旱不耐涝，在华北地区和河南鄢陵县附近地域均可露地越冬，要求温暖而湿润的气候，疏松肥沃和排水良好的砂质土，在酸性土中生长旺盛，碱性土中生长不良。根部萌发力强。枝条着地部分极易生根。大多生于山坡灌丛中，海拔800~2000米。

★ 园林价值

迎春枝条披垂，冬末至早春先花后叶，花色金黄，叶丛翠绿。在园林绿化中宜配置在湖边、溪畔、桥头、墙隅，或在草坪、林缘、坡地，房屋周围也可栽植，可供早春观花。迎春花的绿化效果突出，栽植当年即有良好的绿化效果。

★ 浇水方法

迎春花喜湿润，尤其在炎热的夏季，除每日上午浇一次水外，在下午还应适当浇水。为保持小环境湿度，应经常向地面喷水。迎春花怕盆内积水，在梅雨季节，连续降雨时，应把盆移至不受雨淋处。冬季气温低，水分蒸发少，应少浇水。

★ 施肥方法

迎春花对于肥料的需求不是很大，只需要施加少量的肥料就可以，如果肥料施加过多的话反而会影响迎春花的生长，导致它的枝干变得稀少，花朵分布变得比较稀疏。施肥的频率保持在2个月左右施加1次就可以了，但是在生长期或者是休眠期的时候就不要再进行施肥了。

◢ 茉莉

　　茉莉是木樨科素馨属灌木，叶子对生，椭圆形或广卵形。多为夏季开花，也有秋季开花，花朵玲珑小巧，犹如玉雕。花色为白色，有浓郁的香味。属芳香花卉。夜晚开花，开花过程是渐渐地舒开花蕾，从纯净的花蕊里飘溢出一缕缕浓醇馥郁的芳香。

★ 茉莉的分布

　　茉莉原产于印度、波斯等地，后传入我国。《本草纲目》称："原出波斯（即今伊朗），移植南海。"宋代王十朋在《茉莉》诗中说"没利（茉莉）名嘉花亦嘉，远从佛国到中华。"茉莉一经传入我国，就广泛传播，在江南大面积栽培，并成为芳香工业的主要原料。在北方广受欢迎的花茶，就是茉莉花与茶叶的混合加工产品。

★ 生长习性

　　性喜温暖湿润，在通风良好、半阴的环境生长最好。土壤以含有大量腐殖质的微酸性砂质土壤为最适合。大多数品种畏寒、畏旱，不耐霜冻、湿涝和碱土。冬季气温低于3℃时，枝叶易遭受冻害，如持续时间长就会死亡。

★ 观赏价值

常绿小灌木类的茉莉花叶色翠绿，花色洁白，香味浓厚，为常见庭园及盆栽观赏芳香花卉。多用盆栽，点缀室容，清雅宜人，还可加工成花环等装饰品。

★ 经济价值

茉莉花清香四溢，能够提取茉莉油，是制造香精的原料，茉莉油的身价很高，相当于黄金的价格。茉莉花还可熏制茶叶，或蒸取汁液，可代替蔷薇露，地处江南的苏州、南京、杭州、金华等地长期以来都作为熏茶香料进行生产。

★ 浇水方法

茉莉对土壤水分和空气湿度要求较高，但在不同的生长阶段具有不同的需水要求。夏季气温高，日照强，是茉莉茎叶旺盛的生长期及孕蕾开花期，需要大量的水分，每天在浇足水的同时，还应向叶面喷水。浇水要勤但不能过多，排水要通畅。

★ 施肥方法

从6~9月开花期勤施含磷较多的液肥，最好每2~3天施一次，肥料可用腐熟好的豆饼和鱼腥水肥液，或者用硫酸铵、过磷酸钙，一般化肥成分兑多了会烧死茉莉植株。也可用0.1%的磷酸二氢钾水溶液，在傍晚向叶面喷洒，也可促其多开花。

水仙

　　水仙是石蒜科水仙属多年生草本植物。水仙的叶由鳞茎顶端绿白色筒状鞘中抽出花茎（俗称箭）再由叶片中抽出。一般每个鳞茎可抽花茎1～2枝，多者可达8～11枝，伞状花序。花瓣多为6片，花瓣末处呈鹅黄色。花蕊外面有一个如碗一般的保护罩。鳞茎卵状至广卵状球形，外被棕褐色皮膜。叶狭长带状。花期春季。

★ 水仙的分布

　　水仙分布于东亚以及我国的浙江、福建等地，其中又以漳州最为集中，已由人工引种栽培。我国在1300多年前的唐代即有栽培，在我国的野化分布相当广泛，主要分布在东南沿海地区，以上海崇明区和福建漳州水仙最为有名。在数百年前，苏州、嘉定等地也出产水仙。

★ 生长习性

性喜阳光、温暖，白天水仙花盆要放置在阳光充足的向阳处给予充足的光照。因为植物需要通过光合作用提供养分，这样才可以使水仙花叶片宽厚、挺拔，叶色鲜绿，花香扑鼻。反之，则叶片高瘦、疲软，叶色枯黄，甚至不开花。以疏松肥沃、土层深厚的冲积沙壤土为最宜，pH在5～7.5时均宜生长。

★ 观赏价值

水仙花在客厅，能让人感到宁静、温馨。客厅是家人团聚和会客的场所，适合选用高贵大方的水仙花。

★ 经济价值

水仙花花香清郁，鲜花芳香油含量达0.20%～0.45%，经提炼可调制香精、香料；可配制香水、香皂及高级化妆品。水仙香精是香型配调中不可缺少的原料。水仙花清香隽永，采用水仙鲜花制茶，可制成高档水仙花茶、水仙乌龙茶等，茶气隽香、味甘醇。

★ 水培方法

水培种植时，要先把球根表面的褐色老皮剥掉，然后在多菌灵溶液里浸泡20分钟，杀菌处理。刚开始水培的时候，应每天换一次水，以防水变质，导致种球腐烂。用自来水培育水仙，应先将自来水放在容器中，晾一天后再使用。

郁金香

郁金香是百合科郁金香属的草本植物。花叶3~5枚，条状披针形至卵状披针状，花单朵顶生，大型而艳丽，花被片红色或杂有白色和黄色，有时为白色或黄色，长5~7厘米，宽2~4厘米，6枚雄蕊等长，花丝无毛，无花柱，柱头增大呈鸡冠状，花期4~5月。

★ 郁金香的分布

郁金香原产于地中海沿岸及中国、土耳其等地，后传入欧洲，经过几个世纪的栽培和杂交育种，它已经成为世界最著名的、最广为栽培的球根花卉。

★ 生长习性

郁金香属长日照花卉，性喜向阳、避风，冬季温暖湿润，夏季凉爽干燥的气候。8℃以上即可正常生长，一般可耐-14℃低温。耐寒性很强，在严寒地区如有厚雪覆盖，鳞茎就可在露地越冬，但怕酷暑，如果夏天来得早，盛夏又很炎热，则鳞茎休眠后难于度夏。要求腐殖质丰富、疏松肥沃、排水良好的微酸性砂质壤土。忌碱土和连作。

★ 浇水方法

栽培过程中切忌灌水过量，但定植后一周内需水量较多，应浇足，发芽后需水量减少，尤其是在开花时水分不能多，浇水应做到"少量多次"，如果过于干燥，生育会显著延缓，郁金香生长期间，空气湿度以保持在80%左右为宜。

★ 施肥方法

郁金香施肥通常在春季和秋季，春季是植株的生长期，适当施肥有助于让它开花，秋季需要种植，因此要施入充足的基肥。如果是固体肥，一般要施在土壤里，远离根部以免造成伤害。如果是液肥，则可以直接浇灌，叶面肥则需要喷洒在植株的叶子上。

★ 观赏价值

郁金香是世界著名的球根花卉，还是优良的切花品种，花卉刚劲挺拔，叶色素雅秀丽，荷花似的花朵端庄动人，惹人喜爱。在欧美视为胜利和美好的象征，荷兰、土耳其等许多国家视为国花。

薰衣草

薰衣草是唇形科薰衣草属半灌木或矮灌木。多分枝，株高可达1米，叶对生，叶缘反卷。轮生花序顶生，长15～25厘米；每轮花序有小花6～10朵；花冠下部筒状，上部唇形，上唇2裂，下唇3裂；花长约1.2厘米，淡蓝紫色，或粉红至粉白。

★ 薰衣草的分布

薰衣草主要分布在西班牙、北非、法国，在地中海、黑海沿岸城市，意大利南部等地区，我国的伊犁也有广泛种植。伊犁已成为世界薰衣草的四大产区之一。每当6月的花季，伊犁河谷像披上了一件紫色的外衣，一片片蓝紫色的花在风中如波浪一般摇曳。

★ 生长习性

薰衣草的适应性强，除在生长期需要提供充足的水分，一般养护不需要浇太多水。平时要保证光照充足，如果太过阴暗，植株容易发育不良。另外，它多在土层深厚的地方种植，喜欢疏松透气的土壤。

★ 浇水方法

养护薰衣草要注意水分的吸收，它对于水分的要求并不是很高，日常的养护只要盆土干了就可以浇水，最好让盆土保持一个见干见湿的情况。等到阴雨天气的时候就要严格的控制浇水量了，当它到了返青期和出蕾期的时候最好等到盆土干了之后再浇水，到了冬天它就开始休养生息，这个时候可要严格地控制它的浇水量。

★ 观赏价值

薰衣草种类繁多，具有很高的生态观赏价值。其植株低矮，全株四季都呈灰紫色，生长力强，耐修剪，叶形花色优美，高贵典雅。可用于建薰衣草专类芳香植物园，做到绿化、美化、彩化、香化一体。既能观赏，又能净化空气。

★ 经济价值

薰衣草的经济价值主要体现在它是一种名贵的香料作物，以及薰衣草在精油制作方面的优势。现在很多女性的美容护肤品、化妆品都有薰衣草成分的，包括有的洗衣粉、洗洁精、香皂等也含有薰衣草成分。所以，薰衣草近年来的市场前景非常广阔。

天堂鸟花

　　天堂鸟花又叫鹤望兰，属鹤望兰科鹤望兰属多年生草本植物。植株高达1米，株型丛生，叶似芭蕉，叶柄较长，排成扇状。开花时，花茎从叶腋抽出，花可长达50~60厘米。高高挺立于叶腋之上。在绽放时，总苞紫红，整个花形犹如一只展翅欲飞的漂亮飞鸟。

★ 天堂鸟花的产地

　　天堂鸟花主要产地在非洲，现在德国、意大利、美国、荷兰、菲律宾等国家均广泛栽培。我国南方大城市的公园、花圃也有栽培，北方则为温室栽培。

★ 繁殖方式

　　在原产地，天堂鸟花的自然繁殖方式很奇特，主要靠蜂鸟来传播花粉才能结籽。种子的发芽率极低，生长期也较长。一般在幼苗定植后3年，生长出90多片叶子才能开花。所以，自然繁殖的天堂鸟花卉很少。

★ 生长习性

　　天堂鸟花喜欢阳光，但也不能在烈日下暴晒。它要求夏季凉爽，冬季温暖，环境湿润。生长适宜的温度是20~30℃，如低于8℃则停止生长，降至3℃就会被冻死。适合种植在富含腐殖质和排水透气的砂质土壤中。水少会干死，水多会造成根系腐烂。

★ 浇水方法

浇水要见干见湿，夏季浇水要充足，春、夏季节还要经常向叶面上喷水和向花盆周围地面上洒水，以提高空气湿度，创造凉爽环境，有利其生长发育。深秋以后要减少浇水，冬季要控制浇水，保持盆土偏干比较好。

★ 施肥方法

天堂鸟花生长阶段不能缺少肥料的添加，如果长期不施肥，正常的生长会受到阻碍。天堂鸟花养殖·两年左右要换盆换土，新的肥沃土壤能提供部分养分，除此之外，还要在土壤中混入少量的基肥，之后再种植天堂鸟花，这样在后期生长中，基肥会缓慢地释放出来，注意根部不能接触基肥，避免烧根。

★ 观赏价值

天堂鸟花除盆栽观赏外，其花枝粗壮挺拔，花期长，还是很好的切花材料，常用于制作高档花束或艺术插花，广泛应用于婚庆、寿礼、庆典等礼仪社交场合。在我国南方地区如福建、广东、海南、广西、香港和澳门等地，天堂鸟花可丛植于院角，用于庭院造景和花坛、花境的点缀。

马蹄莲

马蹄莲是天南星科马蹄莲属多年生粗壮草本。具块茎，并容易分蘖形成丛生植物。叶基生，叶下部具鞘；叶片较厚，绿色，心状箭形或箭形，先端锐尖、渐尖或具尾状尖头，基部心形或戟形。

★ 马蹄莲分布

马蹄莲原产地在非洲南部河流沼泽地中，目前各个国家也都有种植。我国分布在河北、陕西、江苏、四川、福建、台湾和云南等省。

★ 生长习性

马蹄莲喜欢温暖多湿的环境，不耐干旱。怕寒冷，忌盐碱。生长适宜的温度在20℃左右，不能低于10℃。夏季养植，应防强风烈日。冬季在室内养植，需要光照充足。要求富含腐殖质、松散略带黏性的肥沃土壤。可用风化河泥团粒、腐叶土和沙土适度调配。

★ 浇水方法

马蹄莲习性喜湿，平时可多浇水，经常保持盆土湿润，不可使盆土干旱。为保持空气湿润，可在浇水的同时向周围地面洒水。冬季应控制浇水，每隔7～10天用湿水喷洗一次叶面，以保持鲜绿清新。

★ 施肥方法

生长期每隔10天左右施一次腐熟肥水，能使叶绿繁茂。到2月份以后可以换施含磷质较多的液肥，以促使花蕾萌生，施肥时切忌浇入叶柄内，以免造成黄叶或腐烂。

★ 观赏价值

常用于制作花束、花篮、花环和瓶插，装饰效果特别好。矮生和小花型品种盆栽用于摆放台阶、窗台、阳台、镜前，充满异国情调，特别生动可爱。马蹄莲配植庭园，尤其丛植于水池或堆石旁，开花时非常美丽。

百合

百合是百合科百合属多年生草本球根植物。地下有扁形或近圆形鳞茎。鳞片肉质肥厚。早春于鳞茎中抽出茎，茎的叶腋中有时生有珠芽。夏季开花，花被6片。有红黄、黄、白或淡红色等。秋季用鳞茎、珠芽或鳞片繁殖。

★ 百合的分布

百合原产非洲东北部及南部，现主要分布在亚洲东部、欧洲、北美洲等北半球温带地区。在我国，主要分布在北京、江苏、福建、台湾、四川、云南及秦岭地区，以供观赏。

★ 生长习性

百合具有抗寒、喜光、耐肥、畏湿的特性，适宜生长的温度是12～18℃。在冬天即使气温降至3～5℃亦不会冻死。缺乏阳光会影响正常开花。适应地域较广，南北各地都可地种或盆栽。

★ 肥水方法

百合在生长期需要适量浇水，3~5天浇水一次，夏季气温高，每天浇水一次，冬季气温低，7~10天浇水一次。保证其生长需要的充足水分，不可过多浇水，避免发生积水问题。生长期每半个月使用一次稀释的氮磷钾复合肥，促进其根部和植株生长发育。

★ 观赏价值

百合具有较高的观赏价值，自古以来是人们十分喜爱的花卉。因"百合"两字寓意美好，有百事合心之意，且百合的鳞片紧抱，象征着团结友好，而且百合的叶片青翠娟秀，茎秆亭亭玉立，花形千姿百态，色彩艳丽异常，因而是盆栽、切花和装饰庭院的好材料。

★ 植物文化

我国的百合传到世界各国后，备受推崇。日本人于公元8世纪将百合作为贡品献给天皇。欧洲的圣经《新约·马太福音》有"百合赛过所罗门的荣华"之说。智利把百合作为国徽的图案，鼓励公众为争取民族独立和经济繁荣而斗争。

玫瑰

玫瑰是蔷薇科蔷薇属植物。枝杆多针刺，奇数羽状复叶，小叶5～9片，椭圆形，有边刺。花瓣倒卵形，重瓣至半重瓣，花有紫红色、白色，果期8～9月，扁球形。枝条较为柔弱软垂且多密刺，每年花期只有一次，因此较少用于育种，近来其主要被重视的特性为抗病性与耐寒性。

★ 玫瑰的分布

玫瑰原产我国华北以及日本和朝鲜。分布于亚洲东部地区、保加利亚、印度、俄罗斯、美国、朝鲜等地。我国各地均有栽培。玫瑰常生长于我国中部至北部的低山丛林中，现庭院中多有栽培。

★ 生长习性

玫瑰喜阳光充足，耐寒、耐旱，喜排水良好、疏松肥沃的壤土或轻壤土，在黏壤土中生长不良，开花不佳。宜栽植在通风良好、离墙壁较远的地方，以防日光反射，灼伤花苞，影响开花。

★ 浇水方法

玫瑰的浇水应根据四季的变化来进行改变，一般春、秋季可每隔3～4天浇一次水，夏天可每天浇一次水，冬季可每隔7天浇一次水。浇水时按照见干见湿，浇则浇透的原则进行，若遇到多雨季节可减少浇水次数。

★ 施肥方法

成长期的时候需要给玫瑰施肥，尤其是花期的时候，栽种或者换盆时也可以稍微混入一些肥料。成长期所用的肥一般是液肥，比如饼肥液等；栽种或者换盆时可用固体肥。液肥在使用的时候一定得加水稀释，固体肥可以直接混入土壤；幼苗期施肥一般是20天一次，成年的植株15天左右一次。休眠期时需暂停施肥。

★ 观赏价值

玫瑰是我国传统的十大名花之一，也是世界四大切花之一，素有"花中皇后"之美称。玫瑰是城市绿化和园林的理想花木，适用于做花篱，也是街道庭院园林绿化、花径花坛及百花园的材料，也常用于点缀广场草地、堤岸、花池，成片栽植花丛。

菊花

菊花是菊科菊属的多年生宿根草本植物。高60~150厘米，叶互生，卵形，具深裂或浅裂，顶生头状花序，四周的舌状花形大而美丽，中部为黄色筒状花，但花冠的颜色变化极大，除蓝色外，黄、白、红、橙、紫及各色均有。花期夏秋至寒冬，但以10月为主。果实为瘦果。

★ 菊花的分布

菊花遍布我国各地，8世纪前后由我国传入日本，17世纪末被广泛引入欧洲，19世纪中期引入北美，此后我国菊花遍及全球。

★ 生长习性

菊花性喜阳光，忌荫蔽，较耐旱，怕涝。喜温暖湿润气候，但亦能耐寒，严冬季节根茎能在地下越冬。花能经受微霜，但幼苗生长和分枝孕蕾期需较高的气温。最适生长温度为20℃左右。

★ 菊花功用

菊花不单给人们以美的享受，而且有的菊花还有很重要的实用价值，如浙江的杭菊是很好的清凉饮料；安徽的滁菊、亳菊是良好的中药原料；除虫菊更是人所皆知的天然农药。另外，菊花不怕烟尘污染，还能吸收空气里对人和动植物有毒害的气体，如二氧化硫、氟化氢等，能起到了净化空气、保护环境的作用。

★ 浇水方法

给菊花浇水要浇到根部，自来水需晾晒一天再用。幼苗期浇水不要浇太多，随着植株的长大，温度的升高，浇水也要适当增多，夏季每天可以浇1~2次水，低温环境或阴雨季节则要少浇或者不浇。如果给植株换盆，则要浇足水才行。

★ 施肥方法

栽种菊花时，盆中要施足底肥。以后可隔10天施一次氮肥。立秋后自菊花孕蕾到现蕾时，可每周施一次稍浓一些的肥水；花朵含苞待放时，再施一次浓肥水后，即暂停施肥。如果此时能给菊花施一次过磷酸钙或0.1%磷酸二氢钾溶液，则花可开得更鲜艳一些。

★ 植物文化

菊花是我国十大名花之一，花中四君子（梅、兰、竹、菊）之一，也是世界四大切花（菊花、月季、康乃馨、唐菖蒲）之一。因菊花具有清寒傲雪的品格，才有陶渊明的"采菊东篱下，悠然见南山"的名句。我国有重阳节赏菊和饮菊花酒的习俗。唐孟浩然《过故人庄》："待到重阳日，还来就菊花。"在古神话传说中菊花还被赋予了吉祥、长寿的含义。

茶花

茶花又名山茶花，是山茶科山茶属灌木或小乔木植物。枝条呈黄褐色，小枝呈绿色或绿紫色至紫褐色。叶片呈革质，互生，有椭圆形、长椭圆形、卵形至倒卵形等。花常单生或2～3朵着生于枝梢顶端或叶腋间。花期较长，从10月份到翌年5月份都有开放，盛花期通常在1～3月。

★ 茶花分布

茶花主要分布于我国和日本。我国中部及南方各省露地多有栽培，已有1400多年的栽培历史，北部则于温室栽培。重庆、云南、四川、台湾、山东、江西等省有野生种。

★ 生长习性

茶花喜半阴、忌烈日。喜温暖气候，生长适温为18～25℃，始花温度为2℃。略耐寒，一般品种能耐−10℃的低温；耐暑热，但超过36℃生长受抑制。喜空气湿度大，忌干燥，宜在年降水量1200毫米以上的地区生长。喜肥沃、疏松的微酸性土壤，pH以5.5～6.5为佳。

★ 浇水方法

茶花浇水要遵循"见干见湿"的原则，夏季气温较高，适合在早晚各浇水一次，春季和夏季是它的生长季，每隔两天浇水一次，温度达到30℃以上时，勤浇水。遇到多雨的天气，注意向植株喷施水分。

★ 施肥方法

　　茶花喜肥，一般在上盆或换盆时在盆底施足基肥。秋冬季因花芽发育快，应每周浇一次腐熟的淡液肥，并追施1~2次磷钾肥，氮肥过多易使花蕾焦枯，开花后可少施或不施肥。施肥以稀薄矾肥水为好，忌施浓肥。一般春季萌芽后，每半月施1次薄肥水，夏季施磷、钾肥，初秋可停肥1个月左右，开花前再施矾肥水，开花时再施速效磷、钾肥。

★ 观赏价值

　　茶花四季常绿，分布广泛，树姿优美，是我国南方重要的植物造景材料之一。茶花更是用于插花和切花的好材料，其花期较长，花色、花形丰富，叶色浓绿光洁，是很好的瓶花材料，可用于花卉装饰。

桂花

桂花是木樨科木樨属常绿乔木或灌木，质坚皮薄，叶长椭圆形面端尖，对生，经冬不凋。花生叶腑间，花冠合瓣四裂，形小，其品种众多，最具代表性的有金桂、银桂、丹桂、月桂等。

★ 桂花的分布

桂花原产于我国西南喜马拉雅山东段，印度、尼泊尔、柬埔寨也有分布。我国四川、陕南、云南、广西、广东、湖南、湖北、江西、安徽、河南等省区，均有野生桂花生长，现广泛栽种于淮河流域及以南地区。

★ 生长习性

桂花性喜温暖，湿润。种植地区平均气温14～28℃，能耐最低气温-13℃，最适生长气温是15～28℃。湿度对桂花生长发育极为重要，要求年平均湿度75%～85%，年降水量1000毫米左右，特别是幼龄期和成年树开花时需要水分较多。

★ 品种分类

经过长期栽植、自然杂交和人工选育后的桂花产生了许多栽培品种。以花色区分,有金桂、银桂、丹桂;以叶型区分,有柳叶桂、金扇桂、滴水黄、葵花叶、柴柄黄;以花期区分,有八月桂、四季桂、月月桂等。

★ 肥水方法

地栽前,应先施足基肥,栽后浇1次透水。新枝发出前保持土壤湿润,切勿浇肥水。一般春季施1次氮肥,夏季施1次磷、钾肥,使花繁叶茂,入冬前施1次越冬有机肥,以腐熟的饼肥、厩肥为主。盆栽桂花在北方冬季应移入温室,在室内注意通风透光,少浇水。4月出温室后,可适当增加浇水,生长旺季可浇适量的淡肥水,花开季节肥水可略浓些。

★ 观赏价值

桂花观赏价值极高。在园林中普遍应用,常作园景树,有孤植、对植,也有成丛成林栽种。在我国古典园林中,桂花常与建筑物、山、石搭配,以丛生灌木型的植株植于亭、台、楼、阁附近。桂花对有害气体二氧化硫、氟化氢有一定的抗性,是绿化工矿区的一种好花木。

栀子花

　　栀子花是茜草科栀子属常绿灌木，枝叶繁茂，叶色四季常绿，花芳香。单叶对生或三叶轮生，叶片倒卵形，革质，翠绿有光泽。浆果卵形，黄色或橙色。花期3～7月，果期5月～翌年2月。

★ 栀子花的分布

　　栀子花原产我国中部，现在各地广泛栽培。我国栽培栀子花历史悠久，17～18世纪，栀子花被引入欧洲，引起当地园艺家和花卉爱好者的广泛兴趣，19世纪初期又传至美国。

★ 生长习性

　　栀子花略微喜欢阳光，适合在半阴环境下生长。喜欢在酸性壤土中生长，可用硫酸亚铁兑上清水，每间隔15天施一次。它适合高湿度环境，要喷水保持湿度，向周边和地面上多喷水。萌生能力很强，能耐得住修剪，养殖过程中需及时修剪。

★ 肥水方法

　　栀子花的生长需要合理的肥水管理，其浇水要点在于见干见湿，春秋季节每星期浇水2～3次，夏天每天浇水1次，冬天每周浇水1次。其施肥要点在于薄肥多施，生长季节每半月施一次稀薄的液肥，开花之前追施磷钾肥。

★ 观赏价值

　　栀子花属于叶、花、果俱美的观赏花卉，自古以来就深受人们的喜爱。叶色亮绿，四季常青，花大洁白，芳香馥郁。可成片丛植或配置于林缘、庭前、院隅、路旁等。也可作花篱、盆花、切花或盆景。

★ 不同品种

　　经过不断培育，栀子花出现了许多新品种，如重瓣的冬开种，四季开花的盆栽种，专作切花用的品种，以及叶上有黄白斑纹的单瓣、重瓣品种等。总体而言，栀子花的主要品种有8种，分别是大叶栀子、小叶栀子、斑叶栀子、卵叶栀子、水栀子、黄栀子、玉荷花、狭叶栀子。

牡丹

　　牡丹是芍药科芍药属多年生落叶灌木。肉质根，主根不明显，茎木质丛生，冠形分直立、开张、半开张形。叶二回羽状复叶，互生，阔卵形至卵状长椭圆形，先端3～5裂，基部全缘。花单生于当年生枝条顶端。花型多变，常见的有单瓣型、重瓣型、球型、托桂型等。花色丰富，有红、黄、蓝、绿、白、粉、紫等色。4～5月开花，果9月中旬成熟。

★ 牡丹的分布

　　牡丹原产于我国，栽培历史悠久，南朝诗人就有"永嘉水际竹间多牡丹"之说。全国各地均有牡丹种植，如今栽培面积最大最集中的有菏泽、洛阳、亳州、铜陵、北京、临夏、天彭、绛县、商洛等地。

★ 生长习性

　　牡丹性喜温暖、凉爽、干燥的环境。喜阳光，也耐半阴，耐寒，耐干旱，耐弱碱，忌积水，怕热，怕烈日直射。适宜在疏松、深厚、肥沃、排水良好的中性沙壤土中生长。酸性或黏重土壤中生长不良。

★ 浇水方法

　　牡丹不耐水湿，不宜经常浇水，应保证排水疏通。但在以下情况下，仍需适量浇水：一二年生小苗土壤干旱时；特别干旱的炎热夏季；大苗严重干旱的季节；追肥过后土壤干旱时。浇水严禁用盐碱量高或污染的水，可采取喷灌、滴管开沟渗灌等节水灌溉方式。浇水后，及时松土，避免土壤板结。

★ 观赏价值

牡丹花大色艳，雍容华贵，富丽堂皇，国色天香，被人们称为"花王"，是我国最著名的观赏花木，多植于公园、庭院、花坛、草地中心、建筑物旁，常作专类花园。若配以假山、湖石则别有景致，又可作盆栽、切花、薰花的优良材料。

★ 不同品种

牡丹品种繁多。我国各地不同花色（如红、紫、紫红、粉、白、蓝、绿、黄、黑和复色等）、不同花型（如单瓣型、荷花型、皇冠型、楼子型、绣球型等）和具有抗旱、耐寒、耐热、耐湿等特性，可以种植在温带、寒热和亚热带地区的品种达300多个，还有日本、美国、法国等地的品种100余个。

梅花

梅花是蔷薇科李属小乔木。树高4～10米。树冠开展，树干褐紫色或淡灰色，多纵驳纹。小枝细长，枝端尖，绿色，栽培品种则有紫、红、彩斑至淡黄等花色，无毛，于早春先叶而开。花期冬春季，果期5～6月。

★ 梅花的分布

梅花原产于我国西南部，最初的野梅主要分布在川东、鄂西、鄂东南、赣东北、赣南、皖、浙、两广山区、闽等地区。后来韩国与日本引进栽种，又从日本传播到西方国家。现在我国长江以南各地都栽种梅树，尤以浙江、江苏、安徽、湖北、湖南及四川诸省为多。

★ 生长习性

梅花属阳性树种，在阳光充足的地方，树势旺盛，生长健壮，且开花繁密；喜温暖气候也有一定耐寒性，生长适温是年平均气温15～23℃；耐贫瘠，对土壤要求不严，排水良好的黏土、壤土及砂质土均能良好生长；有一定的抗旱性，忌涝，如遇大量积水时，常发生根腐病。

★ 不同种类

现在，人们已人工培育出200个以上的不同品种。它们不仅颜色各异，而且花瓣的层数也不同，有单瓣（一层）和重瓣（二层以上）之分。单瓣的品种，花后多能结果，味极酸；重瓣的品种一般很少结果，主要供人观赏。

★ 观赏价值

梅花冰清玉洁，纯贞高雅，是冬春之季观赏的重要花卉。它可成片丛植也可作盆景和切花，以美化庭院等环境。可在园林、绿地、庭园、风景区中孤植、丛植、群植，也可在屋前、坡上、石际、路边自然配植。若用常绿乔木或深色建筑作背景，更可衬托出梅花的美好。

★ 植物文化

梅花与坚忍不拔的苍松、婀娜多姿的翠竹并称为"岁寒三友"；梅、兰、竹、菊"四君子"以梅为首。梅花不畏严寒、傲霜斗雪的精神及清雅高洁的形象，是中华民族的象征，向来为我国人民所尊崇。北宋诗人林和靖曾用"疏影横斜水清浅，暗香浮动月黄昏"的诗句，歌颂梅花清雅高洁的形象和风韵。

观赏植物

杜鹃花

杜鹃花又名山踯躅、山石榴、映山红，属杜鹃花科杜鹃花属。杜鹃花种类繁多，形态各异。有高达数米的乔木，也有矮仅数寸的灌木。常绿、落叶均有之。常见的品种为常绿灌木，高约30厘米。

★ 杜鹃花的分布

杜鹃花喜生于空气洁净的山间和丘陵，特别是气温冷凉、空气潮湿、云雾缭绕、雨量充沛的深山和高原。我国除新疆和宁夏以外，各省区都有杜鹃花的分布，而以云南、西藏、四川、贵州、广西、广东一带分布最为集中。

★ 不同种类

全世界杜鹃花约有900多种，我国占了650种之多。按它的花期以及来源而分，有春鹃、夏鹃、西鹃三类。春鹃，春季先开花后长叶，花色以红紫为主；夏鹃，夏季开花，除红紫外，又有黄白诸色；西鹃，开花于春夏之交，花期较长。

★ 生长习性

　　杜鹃花喜凉爽、湿润气候，忌酷热、干燥。杜鹃花属种类多，差异很大，有常绿大乔木、小乔木，常绿灌木和落叶灌木。习性差异也很大，但多数种产于高海拔地区。要求富含腐殖质、疏松、湿润、pH在5.5~6.5的酸性土壤。

★ 浇水方法

　　杜鹃花浇水遵循不干不浇的原则，在生长比较旺盛的春秋两季，要保持充足的水分，夏季天热，水分蒸发快，要勤浇水，早晚各浇一次。冬季处于休眠期，要少浇水，7天一次。

观赏植物

康乃馨

康乃馨属石竹科石竹属多年生草本植物。花期4～9月，它株高尺许，株形似竹，枝茎有节，叶色粉绿，花瓣如绢，镶边叠褶，匀称地包卷在筒状的花萼之内，形态异常优美，花色丰富多彩，有的白里透红，有的红中带紫，有的七彩斑斓。当盛开之时，真有"谁怜芳最久，春露到秋风"的情景，受到全世界许多花迷的赞赏。

★ 康乃馨的分布

康乃馨原产于地中海地区，主要分布于欧洲温带以及我国的福建、湖北等地。康乃馨是肯尼亚的主要出口种类，也是美洲哥伦比亚最大的出口花卉品种，在亚洲的日本、韩国、马来西亚等国都有大量栽培。在欧洲，德国、匈牙利、意大利、波兰、西班牙、土耳其、英国和荷兰等国栽培的规模都很大。是世界上应用最普遍的花卉之一。

★ 生长习性

康乃馨需植于开放且具全日照的地点，宜富含腐殖质、排水性、中性至碱性土壤，除四季开花的康乃馨外，所有品种均耐寒。喜阴凉干燥，阳光充足与通风良好的生态环境。耐寒性好，耐热性较差，最适生长温度14～21℃。

★ 施肥方法

生长期给康乃馨施肥要每10天浇一次，注意使用腐熟过后的稀薄肥水。当夏季来临时，在高温天气的情况下就不要再给它施肥了，否则容易对植株造成不利的影响。

★ 观赏价值

康乃馨是优异的切花品种。矮生品种还可用于盆栽观赏。这种体态玲珑、斑斓雅洁、端庄大方、芳香清幽的鲜花，随着母亲节的兴起，成为全球销量最大的花卉之一。

★ 浇水方法

刚刚栽种的康乃馨，一定要浇透水。栽种之后也遵循不干不浇的原则进行浇水，表层土壤不干的话不进行浇水。特别需要注意的是在康乃馨处于生长旺期的时候，一定要增加浇水量，但是也不能过多，否则会使康乃馨出现烂根的现象。

🌿 海棠花

　　海棠花是蔷薇科苹果属乔木。植株高5～8米。幼枝红褐色，老枝暗褐色。叶互生，长椭圆形，先端渐尖，长5～8厘米。叶具钝锯齿。多花簇生呈伞形总状花序，花单瓣或重瓣。花蕾红色，开放后呈浅粉红色。早春与叶同时开放。果实球形，具长柄，依品种不同果实有红、白、黄等颜色。

★ 海棠花的分布

　　海棠花原产我国，在山东、河南、陕西、安徽、江苏、湖北、四川、浙江、江西、广东、广西等省区都有栽培，本种为我国著名观赏树种。

★ 生长习性

　　喜欢阳光充足的环境，比较不耐阴、能耐寒，但是冬天气温低时就需要注意保暖了。喜爱湿润环境，在生长过程中需要补充营养和水分。土质要求疏松，一般采用偏碱性土。

★ 食疗价值

　　海棠果含有糖类、多种维生素及有机酸，可帮助补充体液。海棠果中维生素、有机酸含量较为丰富，能帮助胃肠对饮食物进行消化。果味甘、微酸。

★ 观赏价值

海棠花花姿潇洒，花开似锦，是我国北方著名的观赏树种。海棠花自古以来是雅俗共赏的名花，素有"花中神仙""花贵妃""花尊贵"之称，在皇家园林中常与玉兰、牡丹、桂花相配植，取"玉棠富贵"的意境。

★ 浇水方法

给海棠花浇水要按季节定。春季两三天一次，夏季高温生长缓慢，要减少次数，三五天一次。秋季温度适宜，最好每天都浇。冬季主要是控温，土壤发白再浇即可。注意每次都要浇透，不可积水。要从土壤边缘浇，让水慢慢渗透。

★ 施肥方法

给海棠花施肥需要掌握薄肥勤施的原则，切记不能施加生肥、浓肥，施加稀薄的腐熟肥液即可。在海棠花生长期一个月施加3～4次，这样可以促进海棠花的生长。在春季4～5月份，海棠花正好处于花期，这个时候可以适量多施加一些磷肥，夏季和冬季海棠花基本上处于休眠期，这个时候可以不用施肥。

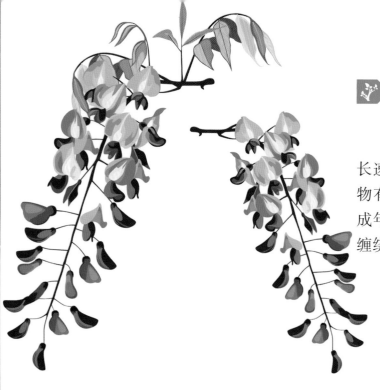

紫藤

紫藤是豆科紫藤属落叶藤本植物。其生长速度快，寿命长，缠绕能力强，对其他植物有绞杀作用。紫藤在幼苗期是灌木状的，成年后它的植株茎蔓蜿蜒，沿主蔓基部发生缠绕性长枝。

★ 品种多样

国内常见的紫藤品种有银藤、一岁藤、麝香藤、白玉藤、红玉藤、三尺藤、台湾藤、野白玉藤、多花紫藤、重瓣紫藤等，其中多花紫藤是最为多见的品种，在我国黄河、长江流域一带广泛种植。

★ 紫藤的分布

紫藤原产于我国，朝鲜、韩国和日本也普遍种植。它适应气候的能力强，对土壤的条件要求不高，具有旺盛的生命力，主要分布在我国的黄河、江淮流域，在华北地区的河北、河南、山东、山西等省最为常见。华东、华中、华南、西南和西北地区也有种植。江苏、浙江、湖南等省都有紫藤的繁殖培育基地。

★ 观赏价值

在城市园林应用中，紫藤也是优良的观花观叶的藤本植物，最多的用途是搭设棚架，春季鲜花烂漫，夏季遮荫蔽日，绿意盎然。栽于湖畔、花池、山石、石亭等处，是优秀的景观植物。

★ 绿化作用

紫藤对二氧化硫和氟化氢等有害气体有较强的抗性，对空气中的灰尘有吸附能力，在绿化中已得到广泛应用，它不仅可对环境起到绿化、美化效果，同时也发挥着增氧、降温、吸尘、减少噪音等作用。

★ 养护原则

人工养护紫藤时，不能让它无限制地自由缠绕，必须经常牵蔓、修剪、整形，控制藤蔓生长，否则它会长得不伦不类，既非藤状，也非树状，一旦出现此种形态，不但开花量会减少，甚至会多年不开花。只有养护好了，才会花开茂盛，美丽宜人。

牵牛花

牵牛花为旋花科虎掌藤属一年生缠绕草质藤本植物，又名喇叭花。茎被粗毛，单叶互生，叶常3裂，深达叶片中部。花1~3朵腋生，无梗或具短总梗，花色白、玫瑰红、红、堇蓝等。萼片线形，其长至少为花冠筒之半，并向外开展，花开于清晨近午闭合，花期6~10月。

★ 勤劳的花

牵牛花有个俗名叫"勤娘子"，顾名思义，它是一种很勤劳的花。每天公鸡刚啼过头遍，绕篱萦架的牵牛花枝头，就开放出一朵朵喇叭似的花来。晨曦中人们一边呼吸着清新的空气，一边饱览着点缀于绿叶丛中的鲜花，真是别有一番情趣。

★ 生长习性

牵牛花喜阳光充足，亦可耐半遮荫。喜暖和凉快，亦可耐暑热高温，但不耐寒，怕霜冻。喜肥美疏松土堆，能耐水湿和干旱，较耐盐碱。种子发芽适合温度18~23℃，幼苗在10℃以上气温即可生长。

★ 观赏价值

牵牛花为夏秋季常见的蔓性草花，可作小庭院及居室窗前遮荫、小型棚架、篱垣的美化，也可作地被栽植。俗话说："秋赏菊，冬扶梅，春种海棠，夏养牵牛。"可见，在夏天的众多花草中，牵牛花可以算得上是非常受宠的花儿了。

★ 长久的花期

牵牛花的开花时间一般是在6～10月，花期十分长久，至少可以达到4个月之久，漫长的花期是它的主要特色，也为它在绿化之中点缀景色发挥更多优势而奠定了基础。

★ 环境适应性强

牵牛花开得勤，开的时间长，花朵也不大，色彩还很多样化，让人总感觉这是一种娇弱至极的花卉品种，而实际上牵牛花的环境适应性还是很强的。特别是牵牛花可以耐高温，在夏日炎炎之中很多花卉都会出现蔫了的状态，但牵牛花不改它的朝气与活力，始终向上生长。

🏵 鸢尾

鸢尾，别名蓝蝴蝶，属鸢尾科鸢尾属，具根状茎，多年生花卉。根状茎匍匐多节，节间短。高约80厘米。叶剑形，质薄，淡绿色。花梗着花数朵，总状花序。花在4~5月开放，花出叶丛，有蓝、紫、黄、白、淡红等色，花型大而美丽。硕果具6棱。果期6~8月。

★ 鸢尾的分布

鸢尾原产于我国中部以及日本，现主要分布在我国中南部，在世界上主要分布在北温带。通常生长在草原、河边、湿地、山坡等环境中。

★ 生长习性

鸢尾自然生长于向阳坡地、林缘及水边湿地。耐寒性强，露地栽培时，地上茎叶在冬季不完全枯萎。喜欢生长于排水良好、适度湿润、微酸性的土壤上。也能在砂质土、黏土上生长。

★ 繁殖方法

鸢尾可用分株或播种繁殖。分株，可于春、秋季和开花后进行。一般2~5年分割1次。根茎粗壮的种类，分割后切口宜蘸草木灰、硫磺粉，也可放置稍干后再种，以防病菌感染。播种易发生变异，仅用于培育新品种。种子采收后宜立即播种，不宜干藏。

★ 观赏价值

鸢尾，叶片碧绿清脆，花色鲜艳，花形大而奇，宛若翩翩彩蝶，有纯白、白黄、姜黄、桃红、淡紫、深紫等。常用于花坛、花径、花圃，也是重要的切花材料。

★ 鸢尾花语

鸢尾花在我国常用以象征爱情和友谊。欧洲人认为它象征光明和自由。在古代埃及，鸢尾花是力量与雄辩的象征。

紫荆花

　　紫荆花是豆科羊蹄甲属乔木植物。叶子质地如皮革，呈圆形或阔心形，顶端裂开成两半，裂的深度几乎为叶长的三分之一，形如羊的蹄甲，故又称为羊蹄甲。在有些地区，紫荆花又被称为洋紫荆、红花紫荆、红花羊蹄甲等。

★ 紫荆花的分布

　　紫荆花原产于我国，主要分布在河北、广西、云南、四川、陕西、浙江、山东等省区，多植于公园、庭院、屋旁、街道边，少数生于密林或石灰岩地区。

★ 生长习性

　　紫荆花性喜温暖湿润、多雨的气候，喜阳光充足的环境，喜土层深厚、肥沃、排水良好的偏酸性砂质壤土。它适应性强，有一定耐寒能力，我国北回归线以南的广大地区均可以越冬。

★ 观赏价值

紫荆花开花美丽端庄、色香俱佳。花朵硕大，颜色紫红，花瓣中有白色脉状彩纹装点其间。花期从10月开始，11月中旬进入盛期，到次年1月最为繁盛。花开期间，紫荆花丛中，枝叶交错，花影其间，灿如云霞，美不胜收。

★ 紫荆文化

香港人爱紫荆花，所以，1965年，紫荆花被评为香港的市花。香港回归祖国后，又将紫荆花作为香港区旗、区徽的主要图案，并以法律形式固定下来。

★ 紫荆传说

南朝吴钧的《续齐谐记》中有个关于紫荆的凄美故事。故事说京兆田真三兄弟决定分家，所有财产平均分为三份，包括庭前一丛紫荆树也要分成三份，紫荆闻之，一夜间便枝枯叶焦。三兄弟看到这种情景，十分震惊，大哥提出，连紫荆都不愿骨肉分离，我们难道连草木还不如吗？大哥的话震撼了其他两兄弟，他们一致同意不再分家，过团圆生活。随后，紫荆树又恢复了生机。

扶桑

　　扶桑，又名朱槿、佛桑，锦葵科木槿属灌木。叶卵形，花生于上部叶腋。花冠大型，红色为主，也有白色、粉红色、黄色或重瓣品种，以红色最为珍贵。花冠直径10～15厘米，晨开暮落。单体雄蕊很长，伸出花外。多产于我国，主要在南方，全年开花。为著名观赏植物。

★ 扶桑的分布

　　扶桑主要产地为我国华南及印度、东非等地，现广泛分布于热带和亚热带地区，尤其以南太平洋的岛屿生长最盛。我国台湾于明末清初移民时引进。

★ 种类繁多

　　扶桑品种繁多，全球目前有3000种以上，以夏威夷为最多。我国至今品种不多，习惯上以花瓣为第一级、花色为第二级、花径为第三级分类。适于庭院种植的有小旋粉、迷你白、花上花、粉牡丹、粉西施等品种，适于盆栽的有艳红等品种。

★ 繁殖方法

　　以扦插繁殖为主。南方2～3月间可在温室内利用修剪整枝机会进行扦插。6～7月则可在室外直接扦插。插后宜遮挡阳光，并覆盖塑料薄膜，以保持湿度。在18～25℃和70%～80%的相对湿度下，插下1个月左右即可生根。根据环境条件，成活率在30%～90%。也可蘸生根粉后进行扦插，可使成活率明显提高。用芽接或枝接方法也可繁殖。

★ 生长习性

　　扶桑属喜欢阳光的花卉，喜温暖气候和湿润土壤，不耐寒霜。在黄河以北地区栽培，10月上、中旬就应移入光照充足的温室内过冬，室温不能低于15℃。温度过低会引起落叶，影响来年开花。进入温室后，浇水不宜过多，不能在枝干基部上面存有积水。

★ 观赏价值

　　扶桑开花后株型比较优美，叶片翠绿带有一定的光泽度，开出的花朵非常鲜艳，花冠呈漏斗形状，具有较高的观赏价值。栽种到庭院或街道两旁，显得美观又大气，每当扶桑花开花以后，就好像身临花园一般，非常惬意。

★ 扶桑文化

　　扶桑是马来西亚的国花，在马来西亚，扶桑是和平与繁荣的象征。每逢节日，当地居民常用扶桑花做成花环或头饰装饰环境。也会在葬礼上使用扶桑点缀。

丁香

　　丁香是木樨科丁香属落叶灌木或小乔木。叶子与茉莉相像。顶生或侧生圆锥花序，花序长8～20厘米。花小芳香，多呈白色、紫色、紫红色或蓝色。以紫色为主。

★ 品种与分布

　　丁香原产于我国，已有1000多年的栽培历史，丁香全属30多种，我国产27种，分布在以秦岭为中心，北到黑龙江，南到云南和西藏地区。广泛栽培于温带的品种更多。比较常见的有喜马拉雅丁香、蓝丁香、四季丁香、紫丁香、北京丁香和欧洲丁香等。

★ 生长习性

　　丁香性喜温暖、湿润及阳光充足的环境。稍耐阴，阴处或半阴处生长衰弱，开花稀少。具有一定耐寒性和较强的耐旱力。对土壤的要求不严，耐瘠薄，喜肥沃、排水良好的土壤。

★ 繁殖方法

丁香很容易成活。其主要栽种方法是播种、扦插、嫁接、压条和分株等。移栽方法是每年丁香落叶后、萌动前进行裸根移植，选土壤肥沃、排水良好的向阳处栽种。移栽3~4年生的大苗，需强修剪，通常离地面30厘米处截干。及时灌水、施肥和修剪，春季可开出繁茂的花。

★ 观赏价值

丁香主要应用于园林观赏和城市美化。丁香可丛植于路边、草坪或向阳坡地，或与其他花木搭配栽植在林苑，也可在庭前、窗外单独种植，或将各种丁香穿插栽植，布置成丁香专类园。也可以盆栽。丁香对二氧化硫及氟化氢等多种有毒气体，都有较强的抗性，因而是工矿区及工业园区绿化、美化的优选植物。

★ 丁香文化

丁香花的独特美使得文人墨客欣喜、陶醉。我国历代诗人都有对丁香的赞咏。杜甫曾作《丁香》五律颂丁香："丁香体柔弱，乱结枝犹垫。细叶带浮毛，疏花披素艳。深栽小斋后，庶近幽人占。晚堕兰麝中，休怀粉身念。"李商隐《代赠》诗云："芭蕉不展丁香结，同向春风各自愁。"

225

长春花

长春花是夹竹桃科长春花属一年生直立草本植物。花株高30～60厘米，叶子对生，长椭圆形，深绿色，有光泽。花生于叶腋下，长春花的嫩枝顶端，每长出一片叶子，叶腋间即冒出两朵花。花冠高脚碟状，呈轮状排列，花径3～4厘米。花色以白色、粉红色、紫红色为主。

★ 长春花的分布

长春花原产于非洲东部，后传入亚洲。我国广东、广西、湖南、湖北、云南等长江以南地区均有种植。

★ 生长习性

长春花性喜温暖、干燥、阳光充足的环境，害怕水，通常浇水不太多，特别是在冬季严格控制浇水。它喜欢阳光，但也能承受半阴，光线充足，有利于它的生长发育和开花，也可以在稍凉爽的地方生长，但开花较少。

★ 施肥方法

在幼苗生长期，需要每半月施肥1次，不同环境选用不同的肥料，如盆栽应选用盆花专用肥。花坛栽种，则选用地栽肥料。

★ 观赏价值

　　长春花有很高的观赏价值。长春花姿态美、花期长，是城市绿化、美化工程的优选植物。

★ 象征意义

　　在我国文化中，长春花有着特殊的意义，它被赋予了吉祥、美好的寓意。在我国传统文化中，"长春"是指永恒不变、充满生机的意思，因此长春花被人们视为吉祥之花，象征着人们对美好未来的向往。

石竹

石竹是石竹科石竹属多年生草本植物。全株粉绿色。叶对生，线状披针形。夏季开花，花单生或2~3朵疏生枝端。花瓣紫红色、粉红色、鲜红色或白色。先端浅裂成锯齿状，蒴果包于宿存萼内。石竹原产于我国。现在世界各地广有分布。

★ 常见品种

石竹的同属植物300余种，常见栽培的有须苞石竹，又名"美国石竹""五彩石竹"，花色丰富，花小而多，聚伞花序，花期在春夏两季；锦团石竹，又名繁花石竹，矮生，花大，有重瓣；常夏石竹，花顶生2~4朵，芳香；瞿麦，花顶生呈疏圆锥花序，淡粉色，芳香。

★ 生长习性

石竹性耐寒、耐干旱，不耐酷暑，夏季多生长不良或枯萎，栽培时应注意遮荫降温。喜阳光充足、干燥、通风及凉爽湿润的气候。要求肥沃、疏松、排水良好及含石灰质的壤土或砂质壤土，忌水涝，喜肥。

★ 栽种方法

石竹作为美化环境的花卉，其栽种方法很多，主要有分株栽种法，将整墩石竹分成直径约5~6厘米的小墩。在栽种地挖出约10~12厘米深的穴，将小墩种苗埋入穴中，埋深以枝叶高出地面三四厘米为好。回填土后将土壤和种苗压实即可，确保植株周边没有空隙。

★ 养护要点

石竹是耐旱植物，只在开春和入冬封冻前各浇一遍水即可，靠自然降雨便能够满足需要。石竹株高30～50厘米，一般不需要修剪。目前还未发现尖叶石竹有虫害，只是在夏季梅雨季节易出现枯萎病。在日常养护时如果发现个别死苗，可就近分株补种。

★ 观赏价值

石竹有极高的观赏价值，常用于园林种植当中，石竹的花期非常长，可达半年之久，从暮春季节可开到仲秋时节，如果是室内盆栽的话，花期更长，可以四季常开。

★ 植物文化

石竹在我国栽培历史悠久，唐代诗人在《云阳寺石竹花》中写道："一自幽山别，相逢此寺中。高低俱出叶，深浅不分丛。野蝶难争白，庭榴暗让红。谁怜芳最久，春露到秋风。"宋代王安石写下两首《石竹花》，其中之一"春归幽谷始成丛，地面芬敷浅浅红。车马不临谁见赏，可怜亦解度春度。"

长寿花

长寿花是景天科伽蓝菜属多年生肉质草本植物，株高可达40厘米，鳞茎较小，叶鲜绿色，狭线形，表面有凹沟。花茎等长于叶，花顶生2~6朵，花色有绯红、桃红、橙红、黄、橙黄和白等，花瓣具短尖，副花冠边缘波状，花芬芳。通常在每年的1~4月份开花。

★ 常见品种

长寿花品种非常繁多，不同品种的长寿花除了花色不一样以外，花型、花朵大小也不一样。长寿花有6个经典大花品种，它们是马德里、海报、奶油、绿巴黎、孔雀、粉巴黎。

★ 生长习性

长寿花喜欢温暖潮湿、阳光充足的环境。宜半阴，避免强光直射，生长适于温度15~25℃，生长湿度65%~80%，忌高温，怕积水。

★ 浇水方法

长寿花不耐涝，浇水需要遵循两个原则：干透浇透和宁干勿湿。也就是等土壤干透以后再浇透一次水，宁肯让土壤偏干也不要让它过于湿润。浇水的时候为了避免水溅到叶子和花朵上导致花叶腐烂，需要用长嘴浇水壶沿着盆栽四周缓缓浇水，不能从上向下倒水，也不能浸盆。

★ 施肥方法

长寿花施肥的总体原则是"薄肥勤施"，也就是每次施肥的浓度和量都不能太大，而且施肥的频率也不能太高。生长初期施足底肥，生长期每隔15天施一次液肥，开花期每隔7天施一次液肥。

★ 观赏价值

长寿花小巧精致，株型美观，是冬、春室内理想的盆栽花卉。可布置在窗台、书桌、案头，也可用于大型公共场所，观赏效果极佳。因名字长寿，非常吉利，花期正值春节，是节庆期间的走亲访友送礼佳品。

★ 寓意和象征

长寿花代表着祝愿长寿、吉利安康之意。它的花朵紧凑，颜色多样，花期也很长，所以有此寓意。此外，它还是多子多福的象征，非常适合送给老人。另外，它还有着招财的寓意，可以摆在家里或者摆在办公室之中。

蝴蝶兰

蝴蝶兰是兰科蝴蝶兰属多年生草本植物。蝴蝶兰希腊文的原意为"好似蝴蝶般的兰花"，花姿如蝴蝶飞舞而得此名。茎很短，通常被叶鞘包裹，它的叶片稍肉质，通常3~4片或更多，上部绿色，背面紫色，一般形状为椭圆形或镰刀状。蝴蝶兰的花期一般在4~6月，持续时间为两三个月。

★ 常见品种

蝴蝶兰原生品种有70多种，人工培育的品种有530多种，黄花蝴蝶兰最为珍贵，蓝色蝴蝶兰数量比较稀少，比较常见的变种是红、黄、绿、白四个系列。常见品种有小花蝴蝶兰、台湾蝴蝶兰、斑叶蝴蝶兰等。

★ 生长习性

蝴蝶兰性喜高温、多湿和半阴环境，不耐寒，怕干旱和强光，忌积水。养护要点是忌烈日直射，越冬温度不低于15℃。夏季温度偏高时需要降温，并注意通风，若温度高于32℃，蝴蝶兰通常会进入半休眠状态，要避免持续高温。

★ 浇水方法

给蝴蝶兰浇水需要根据季节进行，春秋两季天气温暖，它处于生长旺盛期，这个时候最好每天为其浇一次水。夏季水分蒸发得会比较快，这个时候植株对水分的需求较高，最好每天早晚各为其浇一次水。冬天水分蒸发得比较慢，这个时候需要为蝴蝶兰严格控水，一般一周为其浇一次水。

★ 施肥方法

蝴蝶兰施肥有两种方法，一种是栽种时添加底肥，另外一种是叶面喷肥。添加底肥只适合翻盆、更换植料时进行，日常养护最常用的施肥方法就是叶面喷肥。秋冬季节蝴蝶兰开始长花芽准备开花时，肥料种类应以磷钾肥和复合肥为主。

★ 观赏价值

蝴蝶兰的花非常美丽，花开时像蝴蝶一样，常被当成盆栽植物，用来摆放、迎宾、送礼，或者做花篮，做切花，或者做贵宾的胸花，新娘的捧花等。

★ 象征意义

蝴蝶兰的花姿优美，颜色高雅，在我国传统文化中被视为高贵、尊贵、神圣的象征。在婚礼和宴会上，人们常使用蝴蝶兰来装饰桌面或陈设，以展现场合的高雅和尊贵。

蟹爪兰

蟹爪兰是仙人掌科仙人指属肉质灌木植物，茎和枝常向下悬垂，多分枝，无刺；老茎木质化，近圆柱形；幼茎及枝条扁平、多节，每一节间呈矩圆形或倒卵形，鲜绿色，两缘有少数粗锯齿，两面中央有一肥厚的中肋。无叶。正常花期12月至翌年2月。浆果梨形、红色。

★ 常见品种

蟹爪兰品种众多，目前有200多个品种，其中黄色品种最为珍贵，包括金媚、圣诞火焰和剑桥。白色品种比较常见，如圣诞白和多塞。紫色品种主要以马多加为代表。

★ 生长习性

蟹爪兰喜欢温暖潮湿的生长环境，喜欢松散、有机质丰富、排水通风良好的土壤。蟹爪兰耐旱，适宜生长温度为20～25℃，害怕夏天的高温天气，所以夏天的高温时应把它搬到阴凉的地方进行维护。

★ 浇水方法

春秋季节，浇透水。在天气晴朗的情况下，可以隔3天左右浇水1次。阴雨天减少浇水次数。夏季高温可以适当多浇水，可每天向叶片喷水，1~2天浇水1次。冬季应减少浇水，每隔7天浇水1次。

★ 施肥方法

成长期和花期所用的一般都是液态的肥，所以需根据"薄肥勤施"的原则来施肥。也就是在施加之前要先调节浓度，兑水稀释过后再使用，不能直接使用。底肥则可以准备好之后直接混入土中，不需要太多。

★ 观赏价值

无论盆栽或吊盆栽培，均适合放置在窗台、门庭入口处，花开季节，顿时满室生辉。特别是垂挂吊盆，那反卷的花朵，鲜艳可爱，是极好的室内装饰植物。

三角梅

    三角梅是紫茉莉科叶子花属木本植物，枝条表面长有小刺，呈拱形下垂的状态，并且三角梅的叶片平均分布在根茎两侧，形状为卵形，叶子表面长有短小的绒毛。花瓣比较隐秘，大多长在苞内，不太容易被发现，三角梅的苞片颜色为紫色或者洋红色，里面的花蕊呈白色或者淡黄色，花姿优美。

★ 三角梅的分布

    三角梅原产于南美洲的巴西，在我国的南方地区种植较多，具体在广东、广西、福建等地分布较广，当然北方也会有种植三角梅，但更多的是作为室内观赏植物。

★ 生长习性

    三角梅喜温暖、湿润、光照充足的环境。萌芽力强、耐旱、耐贫瘠、耐修剪、抗虫抗病，忌涝。对土壤要求不严。不耐寒，安全越冬为3℃以上，温度在10℃左右时停止生长。开花适温为15～30℃。

★ 浇水方法

三角梅对于水分的需求不是很多，可以根据季节来浇灌，春季和秋季每天都要浇水，毕竟这是生长旺盛的时期，夏季则要增加浇水的频率，每天浇灌两次，还要往叶片上喷洒水雾，冬季要控水，每一周浇灌一次就行，如果温度逐渐降低可以改成往叶面喷水。

★ 施肥方法

由于三角梅是一种木质花，植株很快就会出现大量的新枝，并且会长出更多的叶子，所以在每年的养护过程中，每两个月可以在盆子里加入少量的有机肥或速效复合肥，以补充最基本的营养素，如氮、磷等，保证三角梅的正常生长。

★ 观赏价值

三角梅观赏价值很高，花苞片大，色彩鲜艳如花，且持续时间长，宜庭园种植或盆栽观赏。还可作盆景、绿篱及修剪造型。在我国南方用作围墙的攀缘花卉栽培。每逢新春佳节，绿叶衬托着鲜红色片，就像孔雀开屏，格外璀璨夺目。北方盆栽，置于门廊、庭院和厅堂入口处，绚丽夺目。

昙花

昙花是仙人掌科昙花属附生肉质灌木，高度2~6米，茎为圆柱形，分枝较多。其花为单生，形状为漏斗状，萼片为绿白色，花瓣白色。多在夜间开放，有很香的气味，所以有"月下美人"之称。

★ 昙花的分布

昙花原产于墨西哥、危地马拉、洪都拉斯、尼加拉瓜、苏里南和哥斯达黎加等地。现世界各地广泛栽培，我国各省区均可见。根据1936年的标本采集记录，在云南南部有逸生，生长地海拔1000~1200米。

★ 生长习性

昙花喜欢温暖潮湿的半阴自然环境，不耐寒，忌强光曝晒。它在生长时所需要的温度较高，适宜生长温度在15~25℃，过冬温度在10~12℃，6~10月开花。

★ 浇水方法

昙花一般情况下是每周浇1~2次水，在浇水时，应该根据水分蒸发速度的不同，而改变浇水的频率。平时浇水不可过多，过多容易积水烂根，如果昙花不小心浇水过多，需要移动到通风良好的地方进行养护，可以松掉表层的花土，放置3天左右晾干土壤再正常养护。

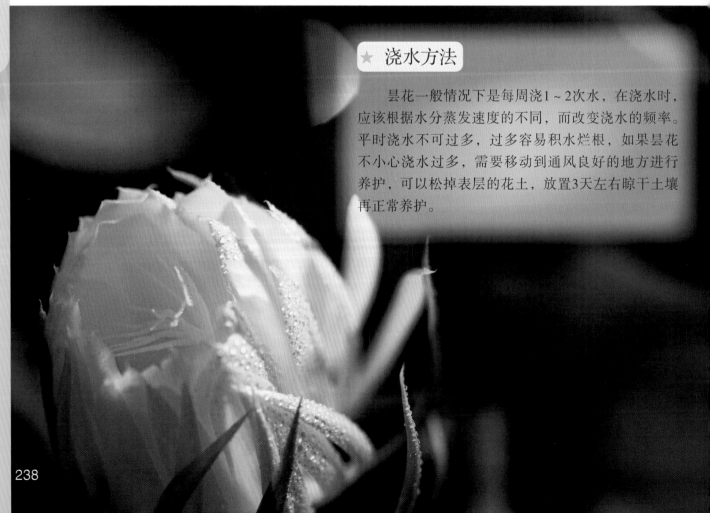

★ 施肥方法

　　昙花主要是施加氮肥为主，每隔20天左右施1次氮元素为主的复合肥，还可用饼肥。春季换盆时混入一些基肥，比如骨粉、蹄片之类的。夏季入夏前追施一次磷钾肥，千万不能施浓肥。秋季可选择腐熟的液肥，15～20天施1次肥。

★ 观赏价值

　　昙花具有较高的观赏价值，将它放在室内养护装饰效果极佳，提高我们的生活品质。另外，昙花净化空气能力非常显著，它可以有效地吸收空气中的甲醛、苯等有毒气体。

玉簪

　　玉簪是天门冬科玉簪属的多年生宿根植物。玉簪因其花苞质地娇莹如玉，状似头簪而得名。株高40~150厘米。它的根状茎粗壮，须根多数，簇生。玉簪的叶子呈阔卵形或心形，掌状脉序清晰，叶色翠绿或浓绿色。花朵呈漏斗形，通常为白色或淡紫色，具芳香。玉簪的花期主要在夏季和秋季。

★ 玉簪的分布

　　玉簪产于四川（峨眉山至川东）、湖北、湖南、江苏、安徽、浙江、福建和广东等省。生长于海拔2200米以下的林下、草坡或岩石边。各地常见栽培，公园尤多。

★ 生长习性

　　玉簪性喜阴湿、耐寒、忌强光直射和土层深厚，宜在肥沃、排水性良好的砂质土壤环境中生长。夏季温度高、土壤或空气干燥、强光直射，叶片易变黄。

★ 浇水方法

　　应根据不同时期玉簪的生长状况和季节变化来调整玉簪的浇水频率。生长高峰期和夏季需水量较大，每次浇水要浇透。春季和秋季的气候条件比较相似，浇水可以保持土壤湿润。冬季浇水不宜过多，以免冻害。

★ 施肥方法

玉簪在发芽期和开花前要施氮肥及少量磷肥作追肥，以促进玉簪花的叶绿花茂。玉簪在生长期每7~10天可施1次稀薄肥。玉簪在冬季要适当控制浇水，停止施肥。

★ 控制光线

玉簪为喜阴性植物，不耐强烈光照直射，尤其是夏季，受到强光直射，轻者叶片由厚变薄，叶色由翠绿变为黄白色，生长不良；重者叶片发黄甚至叶缘出现枯焦的病斑。为此，栽种玉簪须选择有遮荫、无日光直射处。盆栽，夏季也应放在荫蔽度在80%以上的地方。

★ 观赏价值

玉簪花苞似簪，色白如玉，清香宜人，是中国古典庭园中重要花卉之一。现代庭园，多培植于林下草地、岩石园或建筑物背面，正可谓"玉簪香好在，墙角几枝开"。因玉簪夜间开放，芳香浓郁，是花园中不可缺少的花卉，还可以盆栽布置室内及廊下。

天竺葵

天竺葵是牻牛儿苗科天竺葵属的草本植物，叶子通常是互生的，掌状浅裂或羽状浅裂，一般具有长叶柄，有的种类叶上有深浅纹路。每朵花具五瓣，花聚集成伞状，称为"假伞状花序"，花的形状从星状到漏斗状有各种形状，颜色有白色、粉红色、红色、橘红色、紫色甚至近似黑色，各种都有。

★ 天竺葵的产地

天竺葵的原产地是非洲南部的好望角。第一个天竺葵的种植物种为齐斯特洋葵，为南非原产。在1600年之前被一艘停靠过好望角的船只带回荷兰莱顿的植物园。1631年，有一名英国园艺家从巴黎购买种子并引进这种植物到英格兰。现天竺葵在我国各地普遍栽培。

★ 生长习性

天竺葵性喜温暖，忌高温，怕寒冷。适宜的生长温度为10～20℃，但在夏季时要适当遮荫，防止暴晒。春秋季则适当接受半日照即可。冬季时多进行光照。在8℃以上都可以正常开花，但低于0℃时，就有可能会被冻伤，所以冬季要做好保暖措施。

★ 浇水方法

天竺葵是肉质茎，耐干旱，怕积水，不喜欢过于潮湿的环境。平时浇水一定要适量，不可积水，否则就会造成根系腐烂。冬季浇水的时候，水温一定要与室温相近，以免冻伤植株。

★ 施肥方法

天竺葵的生长需要一定的肥料，一般以氮磷钾肥为主，在生长旺季的时候每隔一周施肥一次。注意在施肥时不可施浓肥或者生肥，要施淡肥和腐熟的肥料。

★ 观赏价值

天竺葵的群花密集如球，故又有洋绣球之称。花色红、白、粉、紫变化很多。花期由初冬开始直至翌年夏初。盆栽宜作室内外装饰，也可作春季花坛用花。

★ 寓意和象征

天竺葵是一种神秘而迷人的植物，它的花语和寓意多种多样，其中最为常见的是"幸福在你身边"，这一花语代表着美好的生活和真挚的友谊。在古代，人们常常将天竺葵作为一种象征爱情和感情的礼物来赠送给自己的爱人或者好友，以表达自己的情感和祝福。

风信子

　　风信子是风信子科风信子属的多年生草本植物，它的鳞茎呈球形或扁圆形。外皮呈蓝紫色、棕色、紫色，内部白色或黄白色。风信子未开花时与大蒜相似，叶子较短，分布在基部。叶子披针形，花穗状。在每年春季的3~4月份开花。

★ 风信子的产地

　　风信子原产于欧洲南部地中海沿岸及小亚细亚一带、荷兰，如今世界各地都有栽培。野生种生于西亚及中亚的海拔2600米以上的石灰岩地区。

★ 生长习性

　　风信子性喜阳光、耐寒，适合生长在凉爽湿润的环境和疏松、肥沃的砂质土中，忌积水。喜冬季温暖湿润、夏季凉爽稍干燥、阳光充足或半阴的环境。喜肥，宜肥沃、排水良好的沙壤土。

★ 浇水方法

　　风信子生长期间需适量的浇水，浇水不可过多，以保持土壤湿润，忌积水。浇水时需掌握"见干见湿，浇则浇透"的原则。

★ 施肥方法

风信子生长前期可以施加少量的有机复合肥，之后在其快要开花前再次施肥，这样能够使其更好地开花。施肥时施加氮磷肥，可以保证叶片的浓绿和生长。花期到来之后，风信子对养料的需求比较大，我们要增加施肥次数，每次少量施加，这样能够让其在开花期维持养料的供应。

★ 观赏价值

风信子是一种名贵的球根花卉，其植株生长整齐而低矮，在早春时节开花，有着端庄的花序和丰富的花色，姿态十分优美。能很好地布置于花坛内，也能制作成切花和盆栽或进行水养供于观赏。

★ 象征意义

风信子是象征爱情和浪漫的花朵之一。它的香气芳香扑鼻，令人陶醉，通常被视为浪漫之花。因此，风信子被广泛用来赠送给自己的爱人或喜欢的人，表达对他们的爱意。

凌霄

　　凌霄是紫葳科凌霄属攀缘藤本植物。茎木质，表皮脱落，呈现出枯褐色。以气生根攀附于它物之上，形成了一道独特的风景线。叶对生，为奇数羽状复叶，花萼钟状，花冠内面鲜红色，外面橙黄色。花期5～8月。

★ 凌霄分布

　　凌霄的分布于中国、日本，在越南、印度、巴基斯坦也有栽培。在我国分布于长江流域各地以及河北、山东、河南、福建、广东、广西、陕西、台湾等省区。

★ 生长习性

　　凌霄喜阳光、温暖、湿润的环境，对土壤要求低，只要土壤肥沃湿润且排水性好就行。耐旱、耐湿、耐盐碱，它的萌芽能力和生长能力都很强，对环境的适应性也非常强。

★ 浇水方法

在春、秋两季气候适宜，浇水不用考虑时间问题。但若是在夏季、冬季的时候要注意时间。夏季要在晚上浇，冬季则要选在中午。处在小苗阶段的时候可多浇些，但到后期要减少量，若是积水容易出现烂根。

★ 施肥方法

凌霄在春秋两季时，是植株生长最旺盛的季节，这个时间段需要隔15～20天施1次氮磷钾复合肥，在其花期前需施1次腐熟的有机肥，花期时一定要隔半个月大量追施氮磷钾复合肥，这样能使凌霄花的花朵开得更鲜艳，而且还可能延长花期。

★ 观赏价值

凌霄干枝虬曲多姿，翠叶团团如盖，花大色艳，花期长，为庭园中棚架、花门之良好绿化材料。凌霄花用于攀缘墙垣、石壁，均极适宜，点缀于假山间隙，繁花艳彩，更觉动人，因其适应性强，是理想的城市垂直绿化材料。

★ 象征意义

它代表的寓意通常是慈母之爱，可表达对母爱的尊重。很适合在母亲节的时候送给母亲，表达感谢之意。还寓意着敬佩、声誉，适合送给自己尊敬的老师，表达敬佩、感激之情。

索 引

中国儿童植物百科全书

索引